比你优秀的人，比你还努力

刘丹琳
编著

中国纺织出版社有限公司

内 容 提 要

现今社会，无论现在的你优秀与否，都要认识到，不断学习、获得新的知识是每一个人每天都要做的事情，因为"逆水行舟，不进则退"，不断充实自己，努力做到更好，这才是在竞争中处于优势地位的长久之道。

本书写给那些正处在迷茫中奋斗的年轻人，告诉他们进取的重要性。瞬息万变的现代社会，我们一定要再接再厉，继续朝着人生最美好的目标前进。因为，只有我们自己才能成就自己与众不同的人生。

图书在版编目（CIP）数据

比你优秀的人，比你还努力 / 刘丹琳编著. --北京：中国纺织出版社有限公司，2019.11

ISBN 978-7-5180-6223-2

Ⅰ.①比… Ⅱ.①刘… Ⅲ.①成功心理—青年读物 Ⅳ.①B848.4-49

中国版本图书馆CIP数据核字（2019）第098532号

责任编辑：李 杨　　特约编辑：王佳新

责任校对：楼旭红　　责任印制：储志伟

中国纺织出版社有限公司出版发行

地址：北京市朝阳区百子湾东里A407号楼　邮政编码：100124

销售电话：010-67004422　传真：010-87155801

http://www.c-textilep.com

中国纺织出版社天猫旗舰店

官方微博http://weibo.com/2119887771

三河市延风印装有限公司印刷　各地新华书店经销

2019年11月第1版第1次印刷

开本：880×1230　1/32　印张：6.5

字数：129千字　定价：39.80元

前 言

生活中的你，是否有这样的经历：被同学叫去参加聚会，在聚会上，你发现，毕业时一贫如洗的同学竟然成了事业有成的老板，曾经成绩一般的同学也混得有声有色，就连那些你曾经看不上眼的胆小如鼠的同学也在毕业几年后获得了不错的成绩……此时，你是否感到有些落寞？甚至感叹，为什么大家变化这么大？

其实，并不是大家变化大，而是大家都在奋进、努力，而你原地踏步，甘于人后了，于是，短短几年时间，就出现了明显的差异。

也许你告诉自己，我已经很优秀了，无须努力就已经赶超了很多人，但你未曾想到的是，这个世界比你优秀的人太多了，若不努力，就会被淘汰，永远在追赶前面的人，永远在走上坡路。

其实，每一个人的心中都有梦想，但如果不趁着年轻拼搏，你就只能甘于平庸。不得不说，我们所生活的世界日新月异、瞬息万变，或者现在的你在他人看来小有成就，但随着时间的流逝，当大家都在进取的同时，你却停滞不前，你就落后了，如果你意识到这种落后的存在却又不愿意奋起直追，那么就只能过这种平淡乏味的生活了。

所以，当我们羡慕那些能力、学识甚至好多方面都在我们之上的人时，他们也并未骄傲自满，依然在奋斗，此时的你，也千万不要停留在“羡慕”上，你唯有行动起来，努力把简单的事情做到极致，唯有如此，好运才会不期而至。

其实，每一个人的心中都有梦想，但如果畏首畏尾、只是幻想而不付诸实践的话，那么，你只能在一片幻想的迷途中越陷越深。因为成功与胆量有着莫大的关系，有胆量的人才有资格拥有成功。那些在取得一点成就后就安于现状、求稳的人，最终，他们只能陷于平庸。有胆量、敢于破釜沉舟的人，才会置之死地而后生，实现新的突破。

事实上，人生短暂，如果我们甘于平淡，就只能在庸庸碌碌中过完一生，我们只有不断拼搏和奋斗，才会让生活有趣，才可能成为一个有意思的人。当你能不计功利地全身心做一件事情时，你所感受到的愉悦和成就感其实就是最大的收获，你会是开心的、满足的，你才会生活得更美好。

你是否觉得急需一个导师来重新规划自己的人生？是否觉得无从下手？本书就是一本给人力量、促人奋斗的正能量书。它让你懂得规划自己的人生，让你懂得在灯红酒绿的社会中找到自己的位置，找到奋斗的方向。看完本书，你会获得力量，会找到自己热爱的事业，最终驾驭自己的人生，实现自己的人生价值！

编者

2019年4月

目 录

第1章

做自己人生的开拓者，用梦想为生命加温

生活中，我们每个人都希望自己的生命绽放光彩，都希望自己活得有价值，然而，真正做到的人很少，这是因为大部分人没有点燃自己的梦想，没有梦想就没有目标，就没有动力，然而，这一切都需要我们将梦想付诸实践。的确，不少人在谈到自己的梦想时，眉飞色舞、夸夸其谈，但他们只是想想，到真正实践时，他们就退缩了，现在的你如果也是如此，那么就需要自我反省了，看看自己需要作出那些改变，否则，你的人生只能空余悔恨。

相信你可以开拓出自己的人生天地

在这个世界上，有许多未知的领域，那些人们尚未触碰到的地方其实就是展现自我的平台。不要总是觉得自己是微不足道的，不要总是觉得自己一无是处，只要我们保持斗志，我们就可以开拓出属于自己的一片天地。因为一切都是由我们自己主宰的，就等着我们去开拓。巴菲特相信自己一定可以成为一个投资家，结果他就真的成为一个成功的投资家。

2011年10月5日，苹果公司的创始人史蒂夫·乔布斯在家人的陪同下走完他传奇的一生。当年那个在很小时就发誓要成为“颠覆宇宙”的人，后来真的做到了，而他则说：“我就是人生的开拓者。”

乔布斯于1976年创办了苹果公司，并且创造出了世界首台个人电脑“苹果I”，开启了个人电脑的革命。而1977年他又发布“苹果Ⅱ”，并且使之成为当时影响最大的一套个人电脑。

真正颠覆计算机行业的时间是在1984年，直接用鼠标在操作面上操作的新系统就是由苹果公司推出的。乔布斯不仅在科技行业取得了巨大的成就，还改变了人们的娱乐方式。从2001年起，第一代iPod到2003年的itunes，都能直接从itunes商店付费下载音乐，这也使苹果成为全球最大的音乐零售商，而当时，乔布斯这样的做法也改变了唱片业的生存状态，并且人们将这一做法衍生到音乐、电视剧、电影和图书的消费方式。

在超过30年的职业中，乔布斯改变了硅谷。他帮助硅谷这一气氛慵懒的“大农村”变为科技行业的创新中心。可以说，乔布斯奠定了当代科技行业的基础。乔布斯已经证明，产品的良好设计比技术本身更重要，他改变了笔记本电脑、消费电子和数字媒体行业。他通过出众的广告宣传和独特的零售商店来推广以及销售产品，而苹果同时则成为流行文化的偶像。

乔布斯是世界著名苹果电子公司的CEO（首席执行官），多次被评选为《时代》杂志的封面人物。假如问他的什么是最令人佩服的话，那就是创新与不断开拓进取的精神。从平板电脑到液晶电脑，从iPod系列再到如今的iPhone系列，这当中的一切都是他不断实践与创新的结果。这一切改变了世界，使整个世界真正地走向电子化，使世界上的信息实现了全球化，方便了人与人之间的沟通与交流。

我们所生活的世界是多姿多彩的，每时每刻都在改变着。在远古时代，原始人类发明的甲骨文标志着人类进入文明时代。我国的封建社会东汉时期，蔡伦对造纸术的改进使世界范围内的信息得以传播。就在20世纪80年代，互联网的发展使世界变得更小了。

就在下一刻，世界或许会因为你我的发现而发生翻天覆地的变化，这是丝毫不应当怀疑的。当我们怀着一颗坚持不懈的心与富有创新精神，善于去发现身边的新事物时，世界将会因为我们而发生变化。

1. 相信自己可以改变世界

世界的车轮每时每刻都在向前滚动着，世界每一秒都在运动与变化中，只要你我拥有不断开拓进取与坚持不懈的精神，善于发现，那么世界便等着你我去改变。在人生的旅途中，我们要相信自己，即便自己是一个毫不起眼的小人物，也要坚信我们可以改变世界，哪怕是一点点的改变，我们也应该感到知足。

2. 开拓出属于自己的世界

做人要有自己的主见，还要有充分的自信，相信自己的判断力，不要轻而易举地听从他人的意见，而改变自己的主张。每个人的使命终究还要靠自己来完成，你人生的目标，是独一无二的，专属于你自己的。它神秘而又绚烂，值得你用一生去开拓。一切都是我们的，就等着我们去开拓，如果我们只是一味地遵循他人的思想，不敢面对自己，那这样的人生是悲哀的。

过好人生的每个阶段，你才会更加坦然从容

人生不仅仅是一个点，也不仅仅是一条线，而是一条有宽度的拉长的线。所以有人把人生比喻成一次旅程，而且是不知道终点的旅程。这个比喻非常贴切，人生的确是不知道终点的，因为乘坐着人生这趟列车，谁也不知道自己将会在何时下车，结束生命之旅。难道我们为此就要拼命不停地奔跑，从而争取在人生的旅程中走更多的路吗？当然不是。人生不但有长度，也有宽度，我们作为人生的主宰，不但要追求人生的长度，更要看重人生的宽度。归根结底，如果人生毫无意义，变得和一根线一样毫无宽度可言，那么哪怕走过了生命最长的长度，也未必值得赞许。

既然人生是一个有宽度的线性过程，那么我们理所当然可以根据不同的时间点，把人生分成不同的阶段。众所周知，婴儿阶段的生命，除了吃喝拉撒之外，就是要不停地生长。幼儿阶段的生命，除了最基本的生理需求要得到满足之外，还要学习很多人生中必须学会的事项，让幼儿渐渐走向独立，从而获得成长。随着孩子不断成长，他们也在经历人生不同的阶段，直到成人。很多人觉得，成人阶段就不再区分人生的阶段，其实不然。即便是成人阶段，人生也会进行细微的区分。例如同样是成人，有的人刚刚走出大学校园，要以工作为重，有的人则已经事业有成，需要考虑个人的感情和婚姻问题。在有了孩子之后，作为父

母又开始经历上有老、下有小的人生阶段，因而成为负担沉重的中年人，导致他们想得更多，忧愁也会更多，当然，责任和担当也相应增多。毋庸置疑，人生阶段的划分并非是绝对的。更多的时候，我们必然要跟随人生的不断成长，经历独属于自己的不同人生阶段。我们需要做的就是稍安勿躁，杜绝急于求成。唯有如此，我们的人生才能更加坦然从容，我们的生命也会渐入美好的境界，不再因为急躁变得举步维艰。

高中期间，楠楠早恋了。虽然她知道早恋会影响学习，但是看到她喜欢的男孩给她写情书，她还是难免怦然心动，无法抗拒。当时正值关键时期的高二，为此楠楠的学习成绩有了很大的波动，虽然老师和父母都与她数次谈心，效果却很差。原本，初恋的楠楠以为这次恋爱就是天长地久，却没想到在他们双双落榜之后，他们的爱情也渐渐褪色。最终，楠楠和初恋分手，开始了复读的人生。

痛定思痛，经过一年的刻苦努力，楠楠终于考入心仪的大学。大学期间，班级里很多同学都谈恋爱，但是楠楠对于自己失败的初恋却心有余悸。她选择专心致志地学习，留着自己的感情等到人生最美好的时节再绽放。果然，楠楠在大学毕业两年后，工作稳定，变得更加成熟稳重，这时，她迎来了自己命中注定的白马王子。这是一个非常优秀的男孩，不但能力很强、学识渊博，而且彬彬有礼，很有涵养。与这个男孩谈恋爱的经过，让楠楠对于爱情有了更深刻的理解，她这才意识到爸爸妈妈和老师当初为何劝说她要等到合适的年纪再谈恋爱。此时再回头看看曾经让自己刻骨铭心的初恋，她不由得哑然失笑。虽然她不能否定初恋，但是她真的觉得那不是真正的恋爱，只是两小无猜的打打闹闹。这一场以结婚为目的的恋爱，让楠楠如沐春风，如获新生。她在与男孩恋爱两年后，幸福地步入婚姻的殿堂，他们都无限憧憬着未来的生活。

人生的每个阶段，都有每个阶段的特殊使命。我们要想收获人生，就必须按照人生的节奏去安排自己的一生。当然，这并非让我们对于人生墨守成规，而是指我们必须像遵循大自然的规律一样，遵循生命的规律，这样我们的人生才能更充实、更自然，也才能让我们在人生之中水到渠成，按部就班地生活。

每个人在人生的不同阶段，都有不同的使命。就像我们饿了要吃饭、渴了要喝水一样，我们的人生也必须跟随生命的节奏，才能获得最精彩的绽放。

因为梦想，每个平凡的日子不再平庸

提到梦想，可以说，我们每个人的内心都有梦想，我们每个人都来到这个世界上，都想在这个世界上留下点什么。梦想，是一个目标，是让自己活下去的原动力，是让自己开心的原因。从某种意义上说，有了梦想，我们才会变得积极向上，才能感知到幸福。生活中，人们常开玩笑说：“梦想很丰满，现实很骨感。”成功的能有几个，大部分人都是平凡的人，碌碌无为地平凡地度过这漫长的一生，只是我们每个人都有着属于自己的梦想，但是为了生活，为了生计，却与当初的梦想背道而驰。那么，再回首时，你有没有发现，毫无目标的生活已经让自己远离当初的梦想了。

王强和李瑞是很好的朋友，他们一起从偏远的小城镇考到了上海数一数二名牌大学的建筑系。在高中时代，王强的成绩明显地胜过李瑞一筹，但这种现象在大学时期并不是很突出。在四季的更替中，四年大学生活很快就结束了，李瑞由于善于交往，有着不错的人际关系，毕业后落脚在上海，而且还弄到了一纸上海户口。而王强则因毕业之前家里父亲病重而回了趟家，考研及毕业联系就业单位的事情全耽误了。随后他一路不顺，在上海尝试到几家公司去应聘，均遭到失败。最后，他回到了老家的食品厂就职。

在刚开始时，王强对于工作很不适应，这里的人也与他格格不入。他仍然保有考研的志向，并坚持学习着。但离下次研究生考试还有近一年的时间，他在这漫长的等待中煎熬着。

在接连收到单位发放的还算不错的工资和奖金后，王强似乎觉得有些满足了，他渐渐地适应了小镇的环境和单位的境况，而且也学会了揩油，时不时也能尝到在这里工作的甜头。后来，考研的话题越来越少地被他提起，他似乎开始享受这种不愁吃喝的生活。没多久，有人开始给他做媒，单位也决定给他分房、涨工资……

就这样，一晃十多年过去了，他依旧在食品厂工作着，但不同的是，现在他的生活安逸多了，他晋升成为厂子里的副总，开着名车，住着别墅，他风光极了。可是一起事件结束了这一切，原来，他为了扩充食品厂的厂房基地，看中了市郊的某片地，在投标的过程中，他使用了一些非法手段，当然，这些被曝光后，他身陷囹圄。

其实，在现实生活中，和故事中的王强一样，因为一些蝇头小利而放弃自己当初的梦想，甚至自甘堕落者并不少见。

毋庸置疑，从小到大，每个人都会有许多梦想。有人说："年少时，梦想往往很远大；成年后，梦想常常会缩小。步入盛年，我们的梦想或许越来越少；但是，我们的梦想不再不切实际，而是可以通过努力去实现的。"但实际上，年少时的梦想同样可以实现，只是很多时候，在名利的追逐中，我们把它搁浅了。的确，名利的车轮沉重缓慢得碾碎了许多人的梦想。

如何做到在追求梦想的同时不在名利中沉沦呢？

1. 重新审视自己，找出自己的闪光点

每个人都有与众不同的地方，可能这些不同的地方会因为日常那些烦琐的事情而被掩盖，那么，从现在起，不妨停下脚步想想，你是不是在某些方面比别人更有天赋呢？如果有，就开始重新审视自己吧，从自己最擅长的事情做起，你会省力、省心很多！

2. 重新唤醒自己的梦想

其实，在我们心中，都有一个属于自己的梦想，但出于各种原因，可能这些梦想会逐渐被磨灭。但你发现没有，正是因为你失去了梦想，你才会显得无力、没有热情，才会变得得过且过，任何人的潜能只有具有一个伟大的动力，才会被最大限度地激发出来。因此，不要犹豫了，为理想奋斗吧，你的人生才会有别样的精彩！

3. 坚信自己的梦想

据说，有一次，爱因斯坦上物理实验课时，不慎弄伤了右手。教授看到后叹口气说：“唉，你为什么非要学物理呢？为什么不去学医学、法律或语言呢？”爱因斯坦回答说：“我觉得自己对物理学有一种特别的爱好和才能。”

这句话在当时听似乎有点自负，但却真实地说明了爱因斯坦对自己有充分的认识和把握。

4. 不要把梦停留在想上

梦想可以燃起一个人的所有激情和全部潜能，载他抵达辉煌的彼岸。但你有了梦想，不要把“梦”停留在“想”，一定要付诸行动，制订目标，这才可以带给你真正需要的方向感。

5. 树立脚踏实地的态度

你若想变得伟大、想成就一番事业，就必须具备勤奋的工作态度。爱因斯坦说：“人的价值蕴藏在人的才能之中。在天才和勤奋两者之间，我毫不迟疑地选择勤奋，她是几乎世界上一切成就的催产婆。”真正的成功是一个过程，是将勤奋和努力融入每天的生活中，融入每天的工作中。成功没有捷径，它需要脚踏实地。

人常说，人生路漫漫，人生路奇妙。因为各种突如其来的选择，使我们与许多本来有缘的道路绝缘，又会走上本来不应产生关系的道路。你需要做的是，树立正确的人生道路，赶快企划自己的人生，永远给自己一个新的机会，才能离属于你的舞台越来越近！

树立榜样，激励自己不断进步

前文我们说过，一个人要想拥有成就，一定要有明确的目标。而且当目标过于远大导致无法起到激励作用时，我们还应该学会分解目标，让自己通过实现一个一个小目标，最终成功地成就人生。的确，理想决定了我们人生的高度，一个理想远大的人，才能风雨兼程地奔向远方。相反，如果一个人没有理想，或者理想很卑微，那么他必然不可能取得伟大的成就。举个最简单的例子，作为一名学生，如果想要考取100分，那么很有希望考到95分以上。相反，如果他为自己制订的目标是考取80分，则他很难超过90分。这就是理想的高度与现实之间的差距。尽管有极少数的人能够百分之百地实现理想，但是大部分的理想都会打一个折扣。由此可见，理想对于我们的人生是多么重要。

当然，在分解目标的过程中，我们既可以按照先后分解目标，也可以为自己寻找一个活生生的榜样，从而使其在现实生活和工作中不断地激励我们，也时刻警醒和鞭策我们。和那些缺乏生机与活力的目标相比，这些榜样无疑对我们更能起到激励作用。因为他们都是活生生的人，而且生活的条件以及学习、工作的氛围，都与我们相差无几。由此一来，我们与他们更具可比性。也许有人会说，我就是我，无须和别人比较。的确，每个人都是世界上独一无二的个体，但是在前进的道路上，如同赛跑一样，我们与那些同一起点的人必然有比较。尤其是当我们想要迅速进步的时候，我们更不能被动地等待，而要主动地进步，为自己树立榜样，就是一个很好的方法。

闹闹是一名高三学生，即将进入高考之前的冲刺阶段，但是他的学习却始终不上不下，这让爸爸妈妈非常着急。在和老师进行深入沟通之后，爸爸妈妈采纳了老师的建议，决定对闹闹进行引导。

闹闹和小华是楼上楼下的邻居。小华的学习成绩始终比闹闹排名靠前5名左右。晓雪也和闹闹住在一个小区，而且他们的父母都是同事。之前，爸爸妈妈经常把闹闹和晓雪进行比较，希望闹闹也能和晓雪一样优秀。在老师的建议下，爸爸妈妈不再把闹闹和晓雪比较，而是对闹闹说："闹闹，我们也不要求你和晓雪一样在班级里名列前茅。你能不能稍微努力一把，把成绩提高5名左右。老师说，如果你的成绩和小华差不多，就能顺利考入一本。"闹闹根本不把小华看在眼里，因而不以为然地说："小华算什么啊，每次考试也就比我多几分。你们等着瞧吧！"就这样，闹闹发愤努力，在两周之后的月考中，居然名次比小华还靠前几名。爸爸妈妈见状喜出望外。妈妈委婉地说："哎哟，闹闹，看来我们真是低估你了，你的学习能力还是很强的啊，两周提前五六名，简直不可想象。我以为，你要是继续这么努力下去，就能进入班级前15名了呢！"

此时，旗开得胜的闹闹正在兴头上，沉思片刻，说："我现在是18名，只需要提前3名，就是15名啦。我这次都提前了五六名，我觉得提前3名压力不大。"就这样，闹闹继续努力，在下一次考试中，果然变成15名了。就这样，爸爸妈妈循序渐进，每次都给闹闹提出只要努力就能达到的名次。3个月之后，闹闹的学习成绩居然进入班级前5名，只要稍微努力一些，就能追赶上名列前茅的晓雪了。爸爸妈妈暗自欢喜，终于把晓雪列为闹闹的目标。这次，闹闹没有像平时一样自暴自弃，而是满怀信心地说："我与晓雪只差两三名，我有信心。"果不其然，闹闹最终居然以和晓雪以相差无几的成绩，考入全国知名的大学。

在这个事例中，爸爸妈妈刚开始以晓雪作为闹闹的榜样，因为闹闹与晓雪相差甚远，所以只能刺激闹闹自暴自弃，丝毫无法对闹闹起到激励的作用。在老师的点拨下，他们意识到应该为闹闹树立通过努力能够超越的榜样，所以帮助闹闹循序渐进地取得进步，最终居然在3个月的时间里成功地追赶上晓雪。

朋友们，一个人的目标越高，他就越是拥有动力不断前进。然而，过高的目标也会让人自暴自弃。聪明的做法就是为自己树立榜样，而且这个榜样的实力应该是我们通过努力就能追赶上的。这样一来，我们才有足够的勇气和坚持不懈的毅力，把榜样作为我们的标杆，从而不断地向着榜样努力，为了超越榜样也坚持提升自己。当我们超越一个又一个的榜样，就像是一级一级地拾级而上，最终一定能够最大限度地挖掘自身的能力，成就最优秀的自己。

无论如何，永远不要看不起自己

巴菲特尚未成功的时候，他不过是一个再普通不过的男子，然而，因为他从来不小瞧自己，他总是坚信：“我始终知道我会富有，对此我不曾有一丝一毫的怀疑。”生活在这个世界，许多人都会认为自己是渺小的、容易被忽视的。他们常常会这样想：我不过就是一个小人物，又能有多大的作为呢？在这样的心理暗示下，他们变得越来越自卑，不敢相信自己，甚至否定自己的能力与学识。其实，谁不是渺小的呢？但是，我们更应该记住，即使再渺小的人和事，都有着不可替代的功用。哪怕是路边不起眼的一丛小草，它们也为这个世界增添了一抹动人的绿意。或许，它们在你眼里也是极其渺小的，甚至可以忽略不计。但是，它们对于这个世界，依然有点缀的作用。更何况我们还生存着，拥有着生命，我们对于这个世界更有着不可替代的作用。

有一天，著名的成功学家安东尼·罗宾接待了一个流浪者。那人一进门就对安东尼说：“我来这里就是想见见写这本书的人。”说完，他就从口袋里掏出一本《自信心》，那本书是安东尼多年以前写的。那人十分激动地说：“是上天将这本书放入我的口袋里，因为我已经决定去自杀了，我对这个世界很绝望，我看不到任何的希望。不过，当我无意中发现口袋里的这本书时，我的内心开始发生变化了，我似乎看到了生活的希望。当我阅读这本书的时候，我就下决定一定要见见这本书的作者，我希望你可以帮助我找回以前的我。”听了流浪者的话，安东尼笑了，又是一个对自己失去信心的人。

安东尼对流浪者说：“尽管我没有办法帮助你，不过假如你愿意的话，我可以介绍你去见本大楼的一个人，他可以帮助你东山再起，重新赢回属于你的一切。”听了安东尼的话，流浪者十分紧张，他一把抓住安东尼的手，说：“那就请你带我去见那个人吧。”于是，安东尼将流浪者带到一间心理实验室，面对一块看起来像是挂在门口的窗帘布，安东尼将窗帘布拉开，露出一面高大的镜子，流浪者看到了自己，安东尼指着镜子说：“就是他，在这个世界上，只有他能够让你东山再起，你愿意坐下来好好认识他吗？假如你不愿意，那你去自杀算了，但只要你有勇气有耐心坐下来好好认识这个人，就会成为你想做的那个人。”

听了安东尼的话，流浪者开始仔细打量自己，低下头，开始哭泣起来。几天后，安东尼在街上碰到了那个人，他已经不再是一个流浪者了，而是成为西装革履的绅士。后来，那个人真的东山再起，成为芝加哥的富翁。

如果你对自己感到失望，失去了继续生活的希望，那么，能够挽救你的也只有一个人，那就是你自己。不要总希望上帝会来救赎你，也不要总认为自己被所有人抛弃了。其实，这个世界并没有抛弃你，除非你自己抛弃了自己。当生活遭遇不幸，我们所能做的就是相信自己，不要小瞧自己，从而一步步向自己的梦想前进。

他祖宗三代单传，爷爷和父亲都是面朝黄土背朝天的农民，他觉得自己一定要有出息。可是，成绩还不错的他在高考中落榜了，失望的他偶然听到“自古军营多俊才”这句话，他想：说不定自己到部队还能干出点名堂、混出个模样来。他怀揣着梦想来到部队，做了一名普通的通信兵，刚开始的时候，他很高兴、自豪。可是，日子久了，整天不是爬杆架线就是打线结，要不就是背着线跑来跑去，他开始犹豫了，当个小卒有啥用？他开始食不甘味，什么也不想干了。

有一次，他与战友下象棋，一开局，他就发起了猛攻，“炮当头”“把马跳”“出车”“走相”，你来我往，各不相让。却没想到，战友将不起眼的小卒用得很好，小卒过河之后，竟撵着他的车、马躲躲闪闪，最终他输在对方的小卒上。“怎么样，小卒子挺厉害吧。”战友面带微笑地望着他。他虽然嘴上说厉害，但心里还是不服，于是他又请对方再来一局，结果他还是输在小卒上，这下他真的服了。

原来，那不起眼的小卒也有着不可替代的功用。

“小卒过河赛大车”，小卒，看起来不起眼，但是它发挥出的作用却是很大的。或许，在生活中，我们只是平凡岗位上的一名普通职员，不过，即使在最平凡的岗位上依然可以做出不平凡的事情来。无论多小的工作，你若为这个社会带来利益，那就是你不可替代的作用。

永远不要小看自己，当你看着自己的时候，是否会想到这就是名人的长相呢？一个人想要做什么事情，以及能做成什么事情，应该取决于内心的自信，而并非外在。当你在看轻自己的同时，其实也丢掉了自信心。

1. 小卒过河胜似车

所谓“小卒过河胜似车”，小卒过了河就有万夫不当之勇。在那楚河汉界，车马炮看见小卒过了河，也不免心惊肉跳，即便是再威武的将军，最后也免不了被小卒吃掉的下场。或许，在生活中，我们就是那不起眼的小卒，可能是街边的清洁工，可能是普通的小职员，可能是一个小士兵，可能是一个普通的服务员。我们既没有显赫的身世，也没有卓越的能力，每天所做的就是安分守己，贡献自己微薄的力量。

2. 螺丝钉也有它的用处

也许，我们没有自信的筹码，但是，别忘了，你依然是他们中的一分子，你的工作、你的事业依然跟所有人是联系在一起的。这就像是一条链子，若是少了一个小小的螺丝钉，也会影响到链子本身的作用。因此，千万不要忽视自己的作用，相信自己，永远不要小瞧自己。

找到使命，成为你想成为的人

人们常说："思想有多远，就能走多远。"这句话虽然有点夸张，却道出了思想对行动的指导作用。同样，在习惯的培养上，我们能否成功，关键也取决于我们的思想，如果你是个使命感强的人，你希望自己活得伟大，那么对于当下的行动，你就有自控意识，你就能坚持不懈地努力。因此，我们每个人都应该找到自己的使命，制订出明确的目标，并为实现自己的目标而奋斗，才能成为你想成为的人。

除了天分，日本著名指挥家小泽征尔拥有更多的是勤奋。日本作曲家武满彻曾经在小泽寓所住过一段时间，目睹了大师的勤奋，他说："每天清晨4点钟，小泽屋里就亮起了灯，他开始读总谱。真没想到，他是如此用功。"原来，小泽从青年时代就养成晨读的习惯，一直坚持到今天。"我是世界上起床最早的人之一，当太阳升起的时候，我常常已经读了至少两个小时的总谱或书。"小泽这样说。

正是因为如此，在一次演出中，小泽征尔以敏锐的洞察力听出了乐谱的错误，并敢于向在场的权威人士质疑，成功在比赛中胜出。

的确，伟大的成功和辛勤的劳动是成正比的，有一分劳动就有一分收获，日积月累，奇迹就可以创造出来。这是绝对的真理。只有勤奋工作才是最高尚的，才能给人带来真正的幸福和乐趣。勤奋是通往荣誉圣殿的必经之路。那么，小泽征尔为什么会如此用功？他是怎么养成勤奋学习的习惯的？可以说，他的动力来自他对音乐的热爱和追求。

因此，生活中的人们，如果你还在浑浑噩噩地生活着，还在感叹自己无法改掉某些恶习时，那么，你不妨也为自己找个伟大的目标吧，具备强有力的信念，你就能找到前进的方向和动力。它能使你摆脱空谈主义，能帮助你挖掘身体的所有潜能，能帮助你克服很多阻力。

很多年前，在美国有个叫史蒂文的残疾人，和很多残疾人一样，他的残疾是后天不幸所致。不能正常行走的他，陷入极度的恐惧和无助之中。他也学会了喝酒度日。就这样，20年过去了。但这一切，又在另外一场意外中改变了。

有一天，他和往常一样，从酒馆出来，照常坐轮椅回家，却碰上了一群连残疾人都不放过的劫匪，这群劫匪早就盯上了他的钱包。

当他的钱包被抢后，他拼命呐喊，试图找到一个能够帮助他的人，但这群劫匪在听到他的呼喊后，居然萌生了要杀人的念头，他们放火烧他的轮椅。轮椅很快燃烧起来，求生的欲望让史蒂文忘记了自己的双腿不能行走，他立即从轮椅上站起来，一口气跑了一条街。事后，史蒂文说："如果当时我不逃，就必然被烧伤，甚至被烧死。我忘了一切，一跃而起，拼命逃走。当我终于停下脚步后，才发现自己竟然会走了。”

现在，史蒂文已经找到了一份工作，他身体健康，与正常人一样行走，并到处旅游。

信念的力量是无穷的，大自然赐给每个人以巨大的潜能，但由于没有进行各种智力训练，每个人的潜能从没得到过淋漓尽致的发挥。人的潜能往往就是通过强力激发出来的。人人都是天才，至少天才身上的东西都有可能在普通人身上找到。

爱默生告诫我们：“人总归是要长大的。天地如此广阔，世界如此美好，等待你们的不仅仅是需要一对幻想的翅膀，更需要一双踏踏实实的脚！”任何人的成功都是点滴的进步。但反过来，任何思维和行为上的进步也需要梦想的指引，因此，从现在起，你只需树立一个正确的理念，调动你所有的潜能并加以运用，便能带你脱离平庸的人群，步入精英的行列！

我们都渴望成功，但成功并不是一蹴而就的，没有人能随随便便成功，成功者必须有良好的行为习惯和严谨的工作作风、勤奋的学习态度等，不付出努力，同时又想把蛋糕做大，这是不可能的。同时，反过来，成功的理念、梦想、使命感都能对我们的行为起到指引和约束作用，因此，我们有必要为自己树立一个伟大的行为目标，并制订一个可行的计划，那么，我们就获得了持久的动力。

第2章

我们必须通过各种努力，让自己变得更好

我们都知道，做每一件事就好像建城一样，要想把它建成、建好，你就必须付出超人的代价和心血。同样，我们要想成为自己想成为的人，也要记住，任何道路都不是一条风和日丽的坦途，人生必须渡过逆流才能走向更高的层次。在这个过程中，我们唯有学会积累实力，努力让自己变好，才能蓄积待发，最终一举成功。

勤于学习，不断经营你的优势

经验固然能够使你走向成功的步伐更快一点，但是经验并不是全部，不可能代替能力、信念等，一个年轻人想要走向成功，不能仅仅靠经验。

和那些三十多岁甚至四五十岁的人比，你所具有的这一点经验一点优势都没有，想要在这方面赢过别人就等于痴人说梦。不过这不等于你就没有成功的机会，经验是优势，同样也是桎梏。一个人如果经验丰富就有可能总凭经验做事，忘了创新，思想也会陷入某些条条框框无法摆脱，解决起问题来也总会受“思维定式”的束缚。这样看来有经验本来是好事，但是因为经验陷入直觉和习惯，就是一件可怕的事情了。

励志圣经《羊皮卷》曾经对经验有着如下评价：“经验确实能教给我们很多东西，只是这需要花费太长的时间。等到人们获得智慧的时候，其价值已经随着时间的消逝而减少了。经验和时尚有关，适合某一时代的行为，并不意味着今天仍然行得通。只有原则是持久的……”

那么，我们要追寻的其实就是某些持久的原则，比如经营，比如坚持。年轻人想要获得优势，就要靠经营，经营什么？怎样经营呢？只有明白这些，我们才可能获得更长久、更牢固的优势。

那么年轻人普遍的长处到底在哪里呢？怎样去经营才可能更出色？年轻人想要获得成功，一定要在以下几个方面下功夫，懂得经营最基本的几个方面，你才可能得到最长足的发展，才可能在某些领域获得全面的成功。

首先，知识武装自己的头脑，有句话说得好，“你可以白手起家，却不可能赤手空拳”。这是一个信息大爆炸的社会，知识作为一种资本，将成为你取得成功的最基本手段。一个人没有学历不重要，但是如果没有头脑，那么他将一事无成。无论是从做事过程中吸取经验，还是通过学习充电、深造来获得知识，都必须保证自己有一个“一流的头脑”。头脑专业是优势，头脑灵活也是一个优势。

尽可能在工作之余多看看专业书籍，多了解社会动向，每天都增加一点知识，每天都进步一点点，每天都要学习。投资于自己的头脑，将是这个世界上最合算的投资，它会在日后的事业中让你受益无穷。年轻人一定要勤于学习，经营自己的学习力，经营自己的头脑。

其次，人脉经营，这一点大家都很明白，很多年轻人现在都特别重视在工作中的人际交往和培养自己的人脉关系，需要提醒大家的是不要过于功利。“朋友是人生的一大笔财富”，但并非所有的人脉关系都属于“朋友”这一种，能够分清最好，但能够重情义，“买卖不成仁义在”更好。

再次，经营自己的信念，这一点不好理解，但是人生是需要规划的，这一点想必大家都清楚，能够出色规划自己的职业人生或者说事业人生，一个人才可能走向成功。如果你自己对未来的事情没有一个计划，既没有目标梦想，有没有具体步骤的计划，那么成功只会离你越来越远。所以，经营自己的人生绝对要包括逐渐在头脑中清醒构建出自己的未来，规划出自己每一步的战略。

最后，经营自己的习惯，一个人有着怎样的习惯，对于他的人生影响巨大，好的习惯带他走向人生的辉煌，不好的习惯会让他反复在失败中煎熬。想要成功就必须从现在开始就培养自己良好的习惯，包括积极正确的金钱观念、处世观念、成功观念，甚至细小的习惯动作，都要培养。

一个毫无特色的年轻人凭什么能够脱颖而出，最终超越他的同龄人和比他成熟的那些人。答案就是对自己人生的成功把握、成功经营，只有这样才能够真正成功。经营使你进步，优化你的生活和事业，使你有目标，清醒地活着，只有这样的生活状态，才能使你超越那些迷茫而浑浑噩噩的人。

成熟就是懂得让自己的生活更清醒一些、更理智一些，有明确的目标和企图，明白地过日子，不要得过且过，这就是经营的好处，是一个人成熟的表现。

提升竞争力，助你直面挑战

这个社会是个竞争的社会，一个人是否有竞争力将决定你在这个社会上处于什么样的位置。一个人是否有竞争力是由他自身的勤奋程度、危机意识、本能好奇心和定力来决定的。如果不注意这些，一个即使现在能力很强的人，也会被时间淘汰，变得毫无价值，毫无竞争力。

一个年轻人在他的同龄人之间是否有竞争力，一部分取决于他的学历——这不可否认，因为学历代表着你过去付出了多少努力，也因为学历代表着你的理解阅读能力，一个企业中不同学历的人往往处于不同位置，这是社会现实，否认他没有任何意义。当然这是很多人一旦走上社会就无法改变的一部分，就算能够改变，可能也会花费很多的时间和精力。另一部分则取决于自身的努力，自身的努力能够改变很多事情，只有明白你的核心竞争力在哪里，你才可能取得人生的决定性胜利。

怎样加强一个人的竞争力？我觉得应该是因人而异的，每一个人都有不同的天赋，这是人为修炼所不能改变的，就像有的人打麻醉剂无效一样，最重要的就是找出上帝赋予你的那项天赋，并加强修炼这部分的内容，才能塑造你的核心竞争力。怎样寻找出这部分内容呢？通常我们觉得一个人特别容易和人交往，交际能力特别好，可是他自己却不觉得自己有异于他人的禀赋，只觉得很平常。一个人的优点往往是别人才能察觉到的，所以这时候就需要征求周围人的意见，并特别注意自己适合做哪方面的事，事实上，我们的教育设置那么多课程的目的就在于此。

通常情况下，我们要注意自己在以下这几个方面的能力是否超出常人，接受得又快，实施得又到位。如果你注意到这种状况，一定要在这方面努力，并且注意训练，就可能比别人高出一筹，比别人更有竞争力。

学习力：学历代表过去，学习力代表将来，将来这个社会是一个信息更替非常迅速的社会。如果你的学习力非常强，那就代表你的头脑能够非常快地整理和接收传到你脑部的信息，并迅速形成一个印象，这样的头脑更适合于在信息高速更替的行业比如IT业发展。因为接受新事物的能力很快，接受的信息很快，而又能够快速更替头脑中的信息，在这个行业肯定有着更大的竞争力。

创造力：不可否认一个人的创造力很大部分是天生的，有的人天生就有创意，能够把所有的想法整合在一起，创造出新的事物。当然，这和想象力有关，但绝不是单纯的想象力，如果你总对事物有新的想法、新的观点，有很多“鬼点子”，那说明你的创造力很不错，这样的人适合在广告业等行业生存。

分析推理能力：思维严谨，分析推理能力和逻辑能力强的人，适合在数学、物理、化学等自然科学方面发展。

财商和情商：这两者不可分割，人际交往能力尤其是到了人生的后半段，几乎是人脉决定了你能赚多少钱，成为怎样的成功人物。这个社会，赚钱已经不仅仅是拥有赚钱的眼光那么简单，有更多的人脉决定你可以让资本运转更快。

影响力：一个人有着怎样的影响力，常常取决于他的自信、自强和挑战精神以及社会责任感，有些人天生就具有领袖素质，他们能够通过自己的气质最快地获得人们的认同和敬畏，感染别人，对别人的思想和行为产生影响。

当你明确自己在哪些方面有优势，就应该不断在你的优势方面加以训练，把它变成你的核心竞争力，才能在你所在的领域保持更强的优势、更强的竞争力。

保持竞争力的方法有很多种，勤奋修炼只不过是其中的一种。如果想一直在某个领域处于领先地位，就要有一定的好奇心和危机意识。好奇心让我们探索更多解决事情的方法，让我们对新方法、新事物、新信息保持最敏锐的触感，让我们不断探索钻研。危机意识，让我们保持警惕，不会怠惰，能够“生于忧患”，时刻保持警醒就等于保持我们竞争的状态，有竞争意识的人将不会落在社会的后面。

竞争力是年轻人的一个强项，对于年轻人来说，青春就是资本，只要敢于挑战，就能拥有最强的竞争力，在社会中拥有自己的一席之位。

别人的成功方式是可以复制的

别人的成功方式是可以复制的，不仅如此，仔细观察那些成功人士，其实他们在某些方面是非常相像的，他们的某些手势、某些行为举止、某些姿势，甚至某些想法也能够不谋而合，观点更是惊人的一致。

这说明无论在哪个领域，到了成功的顶点，道理都是相通的。托尔斯泰曾说，“幸福的家庭都是相同的，不幸的家庭各有各的不幸”，其实也可以引申为“成功的人都是相同的，失败的人各有各的失败之处”，如果我们能够找到一些成功人士的相似之处，对此进行模仿，那么终有一天，我们也将成为成功者的一员。

我们在平时与人相处时，就要多注意别人的长处，多注意自己缺乏的那些特质，然后学习它、拥有它，采撷众人的优点，就拥有了更多优势。在这一点上，松下先生是当之无愧的成功者。

他信奉“用七分功夫去注意一个人的长处，用三分功夫去注意一个人的短处”的原则不但可以让别人扬长避短，同时也容易让自己得到提升。

让自己提升的办法有很多，看到别人的长处，并善于模仿学习绝对是提升自己最快的方法。有一种观点是认为“在模仿中成长，再创新中成功”，认为真正的职业工作都是模仿重复，强调的是效率而不是创新。这句话非常对，通常我们看重的工作实际上真正创新的部分很少，甚至占不到1%，要求的就是效率。在这一点上，模仿比任何其他方法都来得快。看到比亚迪汽车的成就了吗？其中80%的功劳都来自模仿，模仿而不完全一致，就是一种创新。

当然成功模式更是如此，不仅仅在职业上，就算在那些要求创新力很高的文学方面，也是“千古文章一大抄”。抄得好就是大师，王勃的“落霞与孤鹜齐飞，秋水共长天一色”就抄袭模仿了庾信的“落花与芝盖齐飞，杨柳共春旗一色”。当然有此“化用”的诗词文章不在少数，化用得好就是成功者。人们也曾说“熟读唐诗三百首，不会作诗也会吟”，就是希望人们在熟练格式的基础上进行创新。

在成功一事上也是一样，必须有模仿的过程，才会有创新的可能，最终才能够成功。模仿是第一步，如果连这点都做不好，那么想要通过自己的一套方法来成功那是不可能的。成功往往都有着模式，在你没有明确它之前，任何的自我创新都是在浪费精力，自己发明出来的方法大多数效果都非常有限，你需要先模仿再创造。

当然，成功并不是简单的模仿和复制，需要人们更多地思考，但是模仿能够快速提高人们的能力却是毋庸置疑的。人们提高自己能力的方法有很多种，在工作方面，一个人想要提高，可以通过实践锻炼自己，也可以通过深造提升自己，但让工作上手最快的方法却是请教做过这类工作的人，让他们传授给你一定的经验，这样你就会尽快掌握工作的流程和窍门。模仿别人的好处就在于你可以把那些已经存在的经验、技巧等直接拿过来用，而不至于自己在实践中摸索，不至于在摸索中跌倒，快速而又便捷，何乐而不为呢?

如果说模仿力决定了一个人的成败大概言过其实，但模仿可以让我们快速成长却是毋庸置疑的。一个人在成功之前，最重要的就是每天都有一点成长，每天都能进步。如果我们能够找到成功人士具有的特质，并且每天都学习模仿，那么不久我们看起来就像一个成功人士了。这时我们肯定多了很多机会，在人群当中也有了一定的影响力，成功离我们就更近了。

一个成熟的人懂得如何让自己迅速找到一条达到目标的道路，而模仿肯定是一条快捷的道路。就算仅仅是外表和动作上的模仿，也会在天长日久的重复之后，给你形象带来一定的魅力，这样的魅力最终也将影响你的内心、你的思想，最终影响你的人生，从而走向卓越。

绝不抱怨，一如既往地努力

一个人看到别人得到机会，能够一展所长，往往会觉得委屈，怨天尤人。抱怨上天对自己不公平，给的机会太少；抱怨父母没有人脉，没有关系网，不能给自己创造更多的条件；抱怨领导不懂得赏识自己，抱怨“千里马常有，而伯乐不常有”。其实，所有的抱怨都是没用的，只有不断努力增加自己的实力，从这些不如意中找到属于自己的契机，才有可能获得成功。

一个成熟的人，懂得怎样做才能对自己的前途有帮助，怎么做才能不断进步，怎么想才可能让自己的情绪推进工作进展，怎样才能为自己创造更有利的条件。而不是一味抱怨，抱怨只能让自己的情绪更低落，让自己更加看不到未来，让自己的心灵更扭曲。成熟理智的人会清醒地分析别人是怎样成功的，会观察自己还缺少哪些成功要素，无论面临怎样的环境，他们都会一如既往地努力，不放弃，做好自己，最终才能获得成功。

面对困厄，孟子曾说：“天将降大任于斯人也，必先劳其筋骨，饿其体肤，空乏其身，行弗乱其所为，所以动心忍性，曾益其所不能。人恒过，然后能改。困于心，衡于虑，而后作。”无论他的观点怎样，我觉得这种想法非常积极。当他感觉郁郁不得志的时候，并没有抱怨上天降给他的困难，而是认为这是上天对他的考验，是上天要增加他所不具备的才能。如果能够这样想，对自己的事业、人生都是有很大的好处的。

一个人想要轻易地成就自我几乎是不可能的事，人生能够达到怎样的高度，最终取决于他的实力，这些实力包括他的做事能力、交际状况、心理承受能力、财商和财力等。如果能够在这些方面都做得非常好，即使这次机会不属于你，最终也会来到你身边，让你成就更大的事业。

人生就像一场战争，最初的战役你还可能凭着机智灵活的战术，凭着运气和环境取得胜利，而最终谁胜谁负则要看整体的实力。成就自我最关键的也就是不断增加自己的实力，才能够实至名归，而不用担心自己走得太过虚浮、赢得太过危险。如何经营好自己的一生，是人们整个人生中都应该思索的问题，尤其年轻人更应该对此有清醒的认识。

首先应该提高自己的做事能力，这一点是最重要的一点。无论有多少人帮你，无论你有怎样的好运气，如果你是个“扶不起来的阿斗”，就算别人想赏识你、提拔你，恐怕也无能为力。现在，很多大学生喜欢边学习、边工作来提高自己的能力。他们认识到自己的社会经验不足，因此在薪酬方面要求也不高。各企事业单位的人力资源部门都非常欣赏这样的年轻人，觉得他们更有培养发展的空间。当然，在职工作人员也可以从现在做起，注重学习、提升，同样也能提升自己的做事能力，获取更大的发展空间。

能力的提升就靠两点：一点是来自实践，就是在工作中不断总结经验。这就要求你在工作中多做事，请求机会，参加重要的项目，用心做事，多动脑筋，在实践中验证和提升自己的能力，不断积累经验，提高创新能力。另一点来自学习，只有不断地学习，才能不断提高自己的能力，提高自己的综合素质。在工作中认识自己的不足，通过不断学习来更好地弥补和提高自己是很好的一条途径。学习有很多方式，专业系统学习可能要花费更多的时间和精力，如无必要或者单位不支持，就应采取其他方式。例如业余时间看书自学，生活工作中学习总结，在与人相处时，相互学习、讨教等，和成功的人多多相处，你会有很丰厚的收获。

其次，学会做人，做人到位，一切就会自然天成。无论有多少交际的经验和技巧，都要建立在做人的基础上，如果你人格方面有缺陷，就算掌握再多技巧，充其量也不过是一个善于“巧言令色”的小人罢了，别人怎么可能看重你，给你机会？

做人，重要的是学会换位思考，站在别人的立场和角度上去考虑问题，一切就会迎刃而解，这就是与人相处的所有智慧。

再次就是责任心，一个人如果说话、做事不负责任，就会给人浮夸的感觉。如果他对自己的公司、家庭、事业都没有责任心，没有忠诚度，那么他就会有信任危机。老板、周围的朋友和家人都不信任他，他怎么会有更好的发展？我相信没有任何一个单位会把那些不负责任的人、没有忠诚度的人放在一个重要岗位。

用乐观去感染周围的人，有一个教授曾讲过：心里装着天使你就是天使，心里装着阳光你就是阳光，心里装着魔鬼你就是魔鬼，心里装着邪恶你就是邪恶。一个乐观的人能够影响周围的朋友和家人，让他们每一个人心里都充满阳光，在积极的人生中实现自我价值，这样的人，是没有人不欢迎的。

这些就是一个人的实力，如果你在这些方面做得都足够好，那你就不用去羡慕周围的人有多少机会，不用怨天尤人。因为这些实力迟早会把最有利的时机带到你的面前，那时候成功就是水到渠成的事。相反，如果实力不足，就算有机会、有人脉，你也会因为不堪当大任，而最终跌得很惨。

坚持自我，走自己的路

“走自己的路，让别人打车去吧！”这句话改自大家耳熟能详的但丁的名言：“走自己的路，让别人去说吧！”这或许也是当今最潮的网络流行语之一了。这里面自然有网络达人戏谑、自嘲的意味，但是细细品味，却能够发觉里面饱含着深刻的人生道理。

在这个人与人之间的联系越来越紧密的时代，每个人似乎都更注重别人对自己的看法，同时也产生了前所未有的攀比心理：别人吃肉，我就不能喝汤；别人的孩子出国，我的孩子就不能在国内读大学；别人的老公身家百万，我的老公就不能仅仅是一个公务员……于是，许多悲剧就在这无止境的攀比中产生了。眼睛只盯在别人的身上，却完全忘记了自我，忽略了自身的实际情况和天生的条件限制，最终不是苦了自己，便是累了他人。

在马拉松比赛中，那些一开始便总想往前冲的人往往并不是最后能获得理想成绩的人，因为他们不懂得合理安排体能分配。老是将眼睛瞄着别人，总想着别人跑多少速度，自己也竭尽全力跑多少速度的人，往往不能够坚持到最后，因为他前面消耗得太多，超出了自己的能力，因此后继乏力，自然就无法获取最后的胜利。相反，那些坚持自己的节奏，从自身的实际情况出发，不管别人是疾行还是飞奔都不为所动、坚持自我的人，往往能够获得最后的成功。

曹小强毕业于一家名不见经传的大专学校，在就业大军中是一个毫不起眼的“小虾米”，经过千辛万苦，最终在一家小电子公司做了一名普通的业务员。

和他一同进公司的还有另外几名大学生，除了一个年轻的老板，就只有他们几个“小喽啰”，因此平常工作十分繁忙。加上市场竞争激烈，小电子公司举步维艰，待遇福利也远比不上大公司。所以，不多久之后，大伙便纷纷辞职，有的人跳槽到待遇福利更好的大公司，有的人则用学到的经验和积累的人脉开始自我创业，只有曹小强依然原地踏步，待在原来的公司，只不过职位已升到了副总。

有人拉他入伙，邀他一起创业，他说自己实力不够，条件还远不成熟；有人给他介绍大公司、大企业，他也摇头拒绝，说夹缝中生存更能挑战自我，更能学到东西。眼看着当初的同事一个个买了车、买了房，日子过得滋润舒适，而他却依然待在这家小小的电子公司。有人笑他傻，空挂了一个副总的名头，却得不到一点实惠，而他却真心实意地将这小公司当作自己的事业甚至自己的孩子，为之付出了全部的心血。

三年过后，年轻的老板突然邀请他共赴美国，并请他担任一家大公司的总经理。原来老板的父亲是一位跨国公司的大老板，当年为了锻炼自己的儿子，和年轻的小老板打赌说：只要他能将一家小电子公司支撑三年，就将所有的事业交给他。年轻的小老板做到了，小电子公司不但支撑了下来，而且还做得有声有色，而这一切都离不开曹小强的鼎力支持。

曹小强的坚持给他带来了人生中最大的收获，这虽说是意外之喜，但对于一个坚定自己的信念、坚持走自己的路的人来说，也是必然的回报。

马拉松赛跑如是，人生也如是。曹小强的成功就在于他坚守了自己的信念，坚持走自己的路。

人生的路上，诱惑很多，最重要的是坚持自己的梦想和目标，不要因为别人打车或者开车，便忘了走自己的路，乱了脚步，失了分寸。假如你还没有打车或者开车的实力，那就不要逞强，静下心来，多努力一些、多刻苦一些，终有一天你也会成为别人羡慕的对象。再说，每个人通往成功的途径各不相同，或许走路才是最适合你的方式，那么又何需理会别人是用什么交通工具呢？安安稳稳地走自己的路，虽然会慢一些，但是起码不会出错，最后说不定比那些打车的人还会走得更远。

走自己的路是一种人生姿态，只有拥有这种淡定心态的人才不会在缤纷的世界中失去主张、不知所措。不要让别人的方式与看法影响你的方式与人生，要记住：一个太在意别人的人会失去自我，而一个失去自我的人是永远无法品尝到成功的滋味的。

不断挖掘自己的潜能，实现你的价值

如果你不能发现自己的优势和价值，而总是看到自己的短处和不足，那么即使你拥有一辆马力强劲的汽车，你也不懂得怎样用钥匙拨动它。有人曾说过：“1分钱和20块钱如果同时被扔进大海中，它们的价值就毫无区别。”只有当你将它们捞起来，并按照正确的方式使用时，它们才会各自显现价值。

从前，美国有个相貌极丑的人，走在街上行人都要对他多看一眼。他从不修饰，到死都不在乎衣着。窄窄的黑裤子，伞套似的上衣，加上高顶窄边的大礼帽，仿佛要故意衬托出他那瘦长条似的个子。他走路姿势难看，双手晃来荡去。

他是出身小地方的人，直到临终，甚至已经身居高职，举止仍是山间野夫的样子，仍然不穿外衣就去开门，不戴手套就去歌剧院，讲不得体的笑话，往往在公众场合忽然忧郁起来，不言不语。无论在什么地方——法院、讲坛、国会、农庄，甚至他自己家里，他处处都显得难以相容。

他不但出身贫贱，而且身世蒙羞，是个私生子，他一生都对这个缺点非常敏感。

没人出身比他更低，但却没人比他升得更高。

他就是后来的美国大总统——林肯。

一个人有这么多的弱点而不去补偿，他怎么能取得非凡的成就呢？

对于林肯来说，他并不是用每一个长处抵每一个短处来求补偿，而是凭借伟大的睿智与情操，使自己凌驾于一切短处之上，置身于更高的境界。他只在一个方面，就是教育方面，直接补偿了自己的不足。他拼命自修来克服早期的障碍。他在烛光、灯光和火光前读书，读得眼球在眼眶里越陷越深。他填写国会议员履历，在“教育”这个项目下填的是“有缺点”。

每个人生来都不是完美的，都会有不足之处，同时，每个人又都是一座宝藏，所不同的是，有些人在年轻力壮时就开始挖掘自己，以至于让自己快速地蜕变，显现出耀眼的光芒。而有些人从一开始就浑浑噩噩地过日子，他们不知道虽然也有着自己的梦想，但他们的脚步从来都没有离开过温暖的床榻。待到年老时，看到那些出外闯荡的人都衣锦还乡，再想挖掘自己、闯荡世界，已经有心而无力了。

《圣经》中有个关于才能的故事，大意是说上帝曾经分别给了三个人几种才能，不过第一个人只有一种，第二个人有三种，第三个人有五种。一段时间之后，上帝突然问起他们在此期间都做了些什么事情。第三个人回答说：“我利用五种才能努力工作，结果却因此具备了十种才能。”上帝听完之后，很高兴地夸奖他：“你做得很好！由于你善于利用才能，因此我将赋予你更多的才能。”第二个人也同样增加了自己的才能，但是第一个人却抱怨说：“主啊！你给了别人很多才能，却只给我一种，真是不公平啊！我知道你是既严厉又残忍的主，所以我把你给我的才能给埋葬了。”上帝闻言后，很生气地说：“你真是又懒又坏！”随后便取走了他的才能，转而恩赐给其他两个人。

发现自己，从自身的某一点进行突破，命运的闸门才会最终被你捅破，生命之水才能在梦想的河渠里尽情流淌。回顾历史，那些发现自己、拓展自己的伟人的生平就是一部奋斗史，读达尔文、济慈、康德、拜伦、培根、亚士多德的传记，就不会不明白，他们的品行和一生，都是因为弥补个人缺陷造就的：像亚历山大、拿破仑、纳尔逊，是因为生来身材矮小，所以立志要在军事上获得辉煌成就；像苏格拉底、伏尔泰，是因为自惭奇丑，所以在思想上痛下功夫而大放光芒的。他们早早地意识到自己的不足，更早早地开始发展自身的优势，从而快人一步，成就了自己卓越的人生。

其实，每个人身上都存在未被开发过的领域，若你消极地认为“天生就是如此”，那说明你对自己缺乏正确的认识，就像小河觉得自己只是流动的液体，却没发现自己也可以是漂浮在空中的水气。挖掘自己的潜力，你就能够有所突破，而这种改变的勇气，也是成功者必须具备的特质之一。

第3章

一个人除非能够控制自我，否则无法成功

人生在世，我们每个人都渴望有一番作为，但事实上，并不是所有人都取得了最后的成功，成功者寥寥无几，为什么会这样呢？其中主要原因之一就在于缺乏自控能力。我们可以说，那些最有力量的人是能掌控自己的人，掌控自己才能掌控自己的人生，一个缺乏自制力的人如果想妄谈成功，那就像盲人在谈论颜色。而所谓自控力指对一个人自身的冲动、感情、欲望施加的控制。其实学会自制力并不难，我们只要学会控制自己的心，因为自制力本身由心而来，只要我们遇到事情多想想要不要去做、后果会怎样，相信我们就一定能控制自己的言行。

美好人生，从自我控制开始

古之成大事者，往往都能做到“动心忍性”，而这种自制力的来源就是自控心理，一个人只有认识自我，才能战胜自我、超越自我。金无足赤，人无完人，人最大的敌人是自己。只有能够战胜自我的人，才是真正的强者。很多时候，一个人是否有自控心理，是否有自控力，它的意义就好像汽车的方向盘对于汽车一样。不难想象的是，一辆汽车，如果没有方向盘的话，它就不能在正确的轨道上运行，最终也只能走向车毁人亡。而一个自控心理强的人，就像一辆有着良好制动系统的汽车一样，能够在很大程度上随心所欲，到达自己想要去的任何地方。因此，我们可以说，美好人生，就是从自控力开始的。

巴西球员贝利被人们称为“世界球王”“黑珍珠”，在很小的时候，他对足球就表现出惊人的才华。

那次，贝利和他的同伴刚踢完一场足球赛，已经筋疲力尽的他找小伙伴要了一支烟，并得意地吸了起来。这样，原先的疲劳都已经烟消云散了，然而，这一切都被他的父亲看在眼里了，父亲很不高兴。

晚饭后，父亲把正在看电视的贝利叫过来，然后很严肃地问：“你今天抽烟了？”

“抽了。”贝利知道自己做错了事，但也不敢不承认。

但令他奇怪的是，父亲并没有发火，而是站了起来，在房间里来回踱步，接着说，“孩子，你踢球有几分天资，也许将来会有出息。可惜，抽烟会损害身体，你现在要抽烟了，你在比赛时就发挥不出应有的水平。”

听到父亲这么说，贝利的头更低了。

父亲又语重心长地接着说：“虽然作为父亲的我，有责任也有义务教育你，但真正主导你人生的是你自己，我只想问问你，你是想继续抽烟还是做一个有出息的足球运动员呢？孩子，你已经长大了，该懂得如何选择了。”说着，父亲还从口袋里掏出一叠钞票，递给贝利，并说道：“如果你不想做球员了，那么，这笔钱就拿给你做抽烟的经费吧！”父亲说完便走了出去。

看着父亲的背影，贝利哭了，他知道父亲的话有多大的分量。他猛然醒悟了，他拿起桌上的钞票还给了父亲，并坚决地说：“爸爸，我再也不抽烟了，我一定要当个有出息的运动员。”

从此以后，贝利再也不抽烟了，不但如此，他还把大部分时间都花在刻苦训练上，球艺飞速提高。15岁参加桑托斯职业足球队，16岁进入巴西国家队，并为巴西队永久占有“女神杯”立下奇功。如今，贝利已成为拥有众多企业的富翁，但他仍然不抽烟。

欲胜人者先自胜！胜人者有力，自胜者强。谁征服了自己，谁就取得了胜利。学会自控，征服自己的一切弱点，正是一个人伟大的起始。大凡成功的人，都有极强的自控力。其实学会自控并不难，你只需要做到控制自己的心，只要我们遇到事情多想想要不要去做、后果会怎样，相信我们就一定能控制自己的言行。

保罗·盖蒂是美国的石油大亨，但谁也没想到，他曾经是个大烟鬼，烟抽得很凶。

曾经有一次，他在一个小城市的小旅馆过夜，半夜的时候，他的烟瘾犯了，就想找一根烟抽，但他摸了摸上衣的口袋，发现是空的。他站起来，开始在包里、外套口袋里等地方寻找，可是都没有。于是，他穿上衣服，想去外面的商店、酒吧等地方买。没有烟的滋味真难受，越是得不到，就越是想要，他当时就是很想抽烟。

就在盖蒂穿好了出门的衣服，伸手去拿雨衣的时候，他突然停住了。他问自己：我这是在干什么？

盖蒂站在门口想，一个应该算得上相当成功的商人，竟然在半夜要冒雨、走几条街去买一盒烟？没多会儿，盖蒂就下定了决心，把那个空烟盒揉成一团扔进了纸篓，脱下衣服换上睡衣回到床上，带着一种解脱甚至是胜利的感觉，几分钟就进入梦乡。

从此以后，保罗·盖蒂再也没有拿过香烟，当然他的事业越做越大，成为世界顶尖富豪之一。

在这里，我们看到了一个真正的强者，他懂得约束自己的行为，懂得为自己的所作所为负责。这样的人必当能在人生道路上把握好自己的命运，不会为得失越轨翻车。

我们听过这样一句话："上帝要毁灭一个人，必先使他疯狂。"这句话的意思是，一个人一旦失去自制力后，那么，他距离灭亡的距离也不远了。的确，一个人连自己的行为都不能控制，又怎么能做到以强烈的力量去影响他人，获得成功呢?

失去控制的人生最终会使你失败。唯有自制的人，才能抵制诱惑，有效地控制自身，把握好自我发展的主动权，驾驭自我。一个人除非能够控制自我，否则他将无法成功。

学会拒绝，你就掌握了一种自控力

生活中，没有人喜欢被拒绝。同样，习惯于中庸之道的中国人，在拒绝别人时很容易产生一些心理障碍，这是传统观念的影响，同时，也与当今社会某些从众心理有关。不敢和不善于拒绝别人的人，实际往往是戴着"假面具"生活，活得很累，而又丢失了自我，事后常常后悔不迭，但又因为难以摆脱这种"无力拒绝症"而自责、自卑。你是否曾经为以下事情伤脑筋：一个你曾经认识的人，他品行不良，但非要向你借钱，你深知，如果钱借给他，就等于肉包子打狗——有去无回；或者一个熟识的生意人向你兜售物品，明知买下就会吃亏；或者你的患难朋友曾在你最困难的时候帮过你，现在有求于你，而你心有余而力不足，但他不相信，认为是你忘恩负义，故意不帮他……遇到这些问题，你该怎么办？要记住，你不是神仙，也不能呼风唤雨、有求必应，所以，该拒绝的，就必须拒绝。如果不好意思当场拒绝，轻易承诺了自己不能、不愿或不必履行的职责，事情办不成，以后你会更加难堪。

因此，如果你能学会拒绝，那么，你也就掌握了一种自控力。而实际上，学会拒绝，并不是一件难事。我们先来看下面的一则案例。

陈平是一名部门主管，当初公司把他调到这个部门的时候，他就不大乐意，因为他早有耳闻，这个部门的前任主管在管理团队的时候，喜欢事必躬亲，什么都为手下安排得妥妥当当，喜欢当老好人，部门大事小事总是一把抓，而导致此部门员工没有得到很好的工作历练，因此，在公司所有部门中，他们员工是能力最低的。但既然公司已经下达了指令，陈平只好硬着头皮上了，他也有志于改善部门状况。

报到的第一天，秘书小林就对陈平说：“主管，我之前没有做过这类的报表，你帮我做一下吧。”

听到这话，陈平觉得很诧异，做报表在公司一直都是秘书的本职工作，小林的请求实在是太过分了，他很生气，但一想到，要是第一次就这么严厉地对待员工的请求，势必会让自己在下属中留下不好的印象，因此，想了想之后，他对小林说："不好意思啊，今天我刚来，事情太多了，等忙完这周，你再把数据表拿来。"

一听到陈平这么说，小林心想，这份报表周五前必须要交到公司财务部，哪里还等得到下周？于是，她只好自己去处理了。

这招果然奏效，后来，陈平用同样的方法摆平了很多下属的请求。

案例中的主管陈平可谓是一片苦心，为了让下属能尽快成长起来，他觉得让下属自己动手更有积极的意义，于是，面对秘书的工作求助，他采取了拖延的策略加以拒绝。这种心理策略很简单，对于你不想答应的请求，你完全用不着下决定，用不着点头或者摇头，而只是让来请求你的人迟些再来。例如，你可以说："我的任务现在排得满满的，你能不能两个星期以后再来找我？"如果这个人不错的话，他会把两个星期后再来找你这件事加进自己的备忘录里。要是这人不地道，他肯定早把你忘了。如果你连着拖延了两回，那个人就会放弃了。

当然，这只是拒绝他人的一种方法，具体来说，我们在拒绝他人时，还需要掌握一些要点。

1. 态度要真诚

我们之所以拒绝对方，多半是因为我们实在无能为力，而表明难处，也是为了减轻双方的心理负担，并非玩弄“技巧”来捉弄对方。因此，拒绝他人，态度一定要委婉、真诚，特别是上级对下级的拒绝、地位高者对地位低者的拒绝等，更应注意自己说话的态度，不可盛气凌人，要以同情的态度、关切的口吻讲述理由，争取他们的谅解。而在结束交谈的时候，还应再次表明歉意，热情相送。

小张是公司的一名小领导，员工的工作他必须参与，上级领导的工作他也不能推卸，因此，他常常忙得焦头烂额。最近，他负责一项权责以外的工作，弄得头昏脑涨。因为是第一次经手这样的工作，不明白的地方很多，所以常在思考上花费很多时间，导致工作进度很慢。偏偏在这个时候，上司又要求他去参加拓展业务的研讨会。

小张不自觉地就用比较强烈的口气拒绝说：“不行啊，我现在根本就没时间参加什么研讨会。”

上司听后，似乎心头也起了一把火，很不满地说：“好吧，那从此以后就不再麻烦你了！”

显然，小张的言辞有不妥之处。遇到这样的情况，首先要先将上司的请求当作指示、命令。一道命令下来，就没有拒绝的余地。在这种背景下，如果不留余地地拒绝，上司肯定会发火，而且也让上司的面子很挂不住。这个时候，我们可以先说明一下自己的处境。一般来说，如果将自己的难处真切地说出来，上司是能体谅并且接受你的拒绝的。

2. 不要伤害对方的自尊

人都是有自尊心的。当你在拒绝别人时，一定要先考虑到对方的感受，在选用表达的词语时应准确、委婉。

3. 为对方找个出路

直接拒绝对方难免令人失望，此时，你不妨为其再指一条明路。例如，“这件事我实在没有时间帮你去办了，你不妨去找某某试试。”“这份资料我这几天就要用，不过图书馆还有一份没借出去，你赶快去应该可以借出来。”因为对方有了其他“出路”，他对你的拒绝也就不会太在意了。

总之，在拒绝他人的时候，注意以上几点会帮助我们将拒绝带来的不愉快降到最低程度。

拒绝别人或被别人拒绝，是我们每个人一生中每天都可能经历的事情。这是人生中的非常真实的一面，谁都会遇到这样的经历，朋友、同事甚至领导来找你帮忙，但有时他们所提出的要求是你没有能力或不愿意去做的，此时，我们就要学会拒绝他们的请求。当然，拒绝绝非简单地说“不行”，而要阐明不行的理由，让对方知道你的难处，从而理解你。这样你才不会因为拒绝对方而得罪对方，不至于影响你们之间的交情。

努力克服依赖性格，也是一种自控

人应该是独立的，独立行走使人类脱离了动物界而成为万物之灵。我们的成长过程就应该是一个逐渐独立与成熟的过程。但现代社会，我们生活中就是有些人对周围的人的依赖却束缚着自己，一旦失去了可以依赖的人，他们常常会不知所措。如果你具有依赖心理而得不到及时纠正，发展下去有可能形成依赖性人格障碍。

那些有依赖性性格的人，常常有无助感，总感到自己懦弱无助、无能、笨拙、缺乏精力。同时还有被遗弃感。他们将自己的需求依附于别人，过分顺从于别人的意思，一切悉听别人决定，生怕被别人遗弃。当亲密关系终结时，他们则有被毁灭和无助的体验。他们当然就缺乏独立性，不能独立生活，在生活上多需他人为其承担责任，做任何事都没有主见，在逆境和灾难中更容易心理扭曲。

其实，人生成功的过程也就是个人克服自身性格缺陷的过程。如果一个人过于依赖他人，那么，可能影响你未来的婚姻家庭等生活状况，同时也影响着你的人际交往、职业升迁、事业发展……因此，如果你也有依赖性格，就必须从现在起，靠自己的努力克服。

从前，有一对夫妇，到了晚年才得子，高兴异常，所以对这一“老来子”十分疼爱，几乎不让孩子做任何事，这个孩子除了吃喝以外也什么都不会。就这样，很快，这个孩子长大了。

一天，老两口要出远门，担心儿子在家没法照顾自己，就想了一个办法：临行前烙了一张中间带眼儿的大饼，套在儿子的脖子上，告诉他想吃的时候就咬一口。

可是，这个孩子居然只知道吃颈前面的饼，不知道把后面的饼转过来吃。等老两口出门回来时，大饼只吃了不到一半，而儿子竟活活饿死了。

这个故事告诉生活中所有的人，只有克服依赖心理，才具备生存的能力。“自己动手，丰衣足食”就是这个道理。

我们不难发现，社会上，就是有一些富家子弟，他们受到了教育的“温室效应”的毒害，教育的“温室效应”主要是指受教育者受到家庭、社会、学校尤其是家庭方面的过分溺爱，造成他们任性固执、追求享受、独立性差、意志薄弱、责任感淡漠等弱点的社会现象。对于他们来说，破除对他人的依赖极为重要。

香港巨富李嘉诚的名字早已家喻户晓，尽管他拥有亿万家财，但对于子女的教育问题，他一直比较重视，并且他非常注重培养孩子的独立生活的能力，他这样做，是为了让孩子练就靠自己生存的本事。

李嘉诚有两个儿子，就在他们还只有八九岁时，他们就遵循父亲的意思经常参加董事会，并且他们不能只是旁听，还必须发表意见和见解。这样做的好处在于，他们能看到长辈们是如何处理公司的事务，能锻炼自己处理和分析问题的能力。

后来，他们都考上了美国斯坦福大学。毕业后，他们也曾向父亲表示想要在他的公司里任职，干一番事业。李嘉诚断然拒绝了他们的请求。

李嘉诚是这样对两个儿子说的："我的公司不需要你们！还是你们自己去打江山，让实践证明你们是否合格到我公司来任职。"

于是，他们都去了加拿大，一个搞地产开发，一个去了投资银行。他们凭着从小养成的坚忍不拔的毅力克服了难以想象的困难，把公司和银行办得有声有色，成了加拿大商界出类拔萃的人物。

李嘉诚教育孩子的方法无疑是正确的，父母作为孩子成长的坚实后盾，永远在孩子的身后给予他最多支持与信任，越早放手的孩子越是父母对他们最大的爱。

从他的教育方式中，我们也应该获得启示，凡事靠自己，形成独立的性格，才能真正成为一个顶天立地的人。因此，如果你是一个有依赖性的人，那么，从现在起，你必须学会自控，学会独立面对各种生活问题，为此，你需要做到以下几个方面。

1. 要充分认识到依赖心理的危害

这就要求你纠正平时养成的习惯，提高自己的动手能力，不要什么事情都指望别人，遇到问题要做出属于自己的选择和判断，加强自主性和创造性。学会独立地思考问题，独立的人格要求独立的思维能力。

2. 不要总是指望他人的帮助

不可否认，人生在世，总要或多或少地依靠来自自身以外的各种帮助，如父母的养育、师长的教诲、朋友的关爱、社会的鼓励……可以说，人从呱呱坠地那一刻起，就已开始接受他人给予的种种帮助。然而，许多人却把自己立身于社会的希望完全寄托在父母和朋友的身上。这样的人，显然不可能在生活上自立自强、在事业上有所作为。有句话说：靠吃别人的饭过日子，就会饿一辈子。

3. 明白求人不如求己的道理

面对人生的困境，你要懂得，求人不如求己。总想着依靠他人帮助的人，总想有人能在危难时搀扶你一把，你永远也无法完成任何伟大的事业。只有自主的人，才能傲立于世，才能力拔群雄，也才能开拓自己的天地。潜能激励专家魏特利曾说过这样的话："没有人会带你去钓鱼，要学会自立自主。"

4. 坚持自理

我们并不是儿童，对于生活问题，我们都应该自己处理。即使你的家人希望为你代劳，你也应该拒绝，大胆动手尝试，坚持自己动手，才能在潜移默化中培养自理能力。另外，你需要做到坚持到底，不要凭一时的新鲜做事，因为自理能力不是一朝一夕能培养成的，需要对自己进行反复的强化和持之以恒的锻炼。

5. 学会独立应变生活中的一些问题

不管做什么事，总会有一个从不会到会的过程。你可以独立去面对一些生活中的小问题。

英国历史学家弗劳德说：“一棵树如果要结出果实，必须先在土壤里扎下根。”同样，一个人首先要学会依靠自己、尊重自己、不接受他人的施舍，不等待命运的馈赠。只有在这样的基础上，才可能做出成就。

自我博弈：纵容自我就等于走向毁灭

现实生活中，人与人之间存在博弈，其实，自己与自己之间也是一个博弈的过程，任何事物，其内在也是相互矛盾的。对于我们人类自身来说，向自己挑战就是抵抗的策略，纵容就是合作的策略。根据囚徒困境的理论，我们知道，在一次性博弈中，抵抗是最好的策略，而重复博弈则需要合作。而这一点，却不能被运用到自我博弈中，因为自我博弈是一个无限次的博弈，我们绝不能向那个软弱的、懒惰的、消极的自我妥协，而应该坚决抵抗，否则，纵容自我就等于走向毁灭。

“每次当我想吃巧克力的时候，我就告诉自己，如果我吃了第一块，那么，我绝对会接着吃下去，那么，我前期的努力不就白费了？”

“我减肥的动力是每天照镜子，看到镜子里胖胖的自己，我就有毅力了，我告诉自己，如果你想变美，你就必须要管住自己的嘴。”

“肥胖实在太让人苦恼了，一个胖子很多事情都做不了，每天走路都很吃力，我告诉自己，如果我能坚持下来，就能瘦下来，我一定会活出一个新的人生。”

“我减肥的最初动力是因为一次逛街，那天，我试了件衣服，无奈，我太胖了，走出店的时候，我听到导购员在小声地议论：‘我们店还真没有她穿的号。’在那一刻，我受到了强烈的打击，我发誓一定要瘦下来。”

……

这就是自我博弈成功后的结果。生命是短暂的，我们每个人都有太多的事情需要做，我们需要健康和轻盈的身体，因此，我们不要总是把精力放在口腹之欲上，但抵制对美食的诱惑、管住自己的嘴巴也并不是件容易的事，需要我们调动自己的意志力、掌握一些心理策略。总之，做到心理战胜嘴巴，我们就实现了自控的第一步。

一个人要追求成功和幸福，就需要有较强的自控力，这是毋庸置疑的，自控力是成功和幸福的助力、保障，同时也是一个人性格坚强与否的重要标志。

一个人的自控心理和自控力如何，直接关系到他在人生路上走得是否平衡，那些有所成就者的一个必备的特质之一就是自控力强。相反，生活中，人们之所以会做那些让自己后悔的事，归结起来，大多是因为自制力薄弱，抵挡不住诱惑，因此做了不该做的事。的确，自控心理能帮助我们抵制很多不良习惯，如懒惰、拖延等；能缓解不良情绪，如冲动、愤怒、消极；能抵御外界形形色色的诱惑；等等。而如果你无法自我控制，那么，那些不良的行为和情绪就会占据主导地位，从而控制你。那么，你很快就会失去奋斗的激情、学习的动力，甚至会偏离人生的正确的方向，误入歧途。

可见，我们每一个人都应该认识到自控心理对于人生发展的重要性。只有坚决地约束自己、战胜自己，最终才能战胜困难，取得成功。

在我们需要抵抗的诱惑中，有来自名利的，有物质上的，有情感上的，但无论如何，我们只有学会与自己博弈，长期坚持下去，我们的“自制力模式”才会开启。

总之，我们任何一个人都要学会战胜自我、培养自制力，纵容自我只会让我们不断沉沦，闲暇时我们不妨多花点时间看书、学习，不断地充实自己，才能在未来激烈的社会竞争中立于不败之地。

学会自控，放弃暂时的享乐

生活中，我们常听到这样一句话：“没有人能随随便便成功”，的确，我们我们不难发现，大凡做出一些成就的人来说，他们必定会经受一些磨难，吃尽苦头，然后才能等到出头之日，一鸣惊人。在这个过程中，他不断地忍耐着痛苦与辛酸，精神上的，身体上的，那些痛彻心扉的日子，他们咬着牙，将滴落的血吞进肚子里。有时候，为了完成自己心中的理想，他们可能会需要寄人篱下，甚至遭人白眼、受人讽刺，但他们都忍耐了过来。在这个过程中，他们放弃的是暂时的享乐。但实际上，他们明白，他们最终会有守得云开见月明的一天，到那时，自己以前所受的所有苦难都是值得的，因为它们已经凝结成耀眼的成功的光环。

数九寒天，一座城市被围，情况危急。守将决定派一名士兵去河对岸的另一座城市求援。这名士兵马不停蹄地赶到河边的渡口，但却看不到一只船。平时，渡口总会有几只木船摆渡，但是由于兵荒马乱，船夫全都逃难去了。士兵心急如焚。他的头发都快愁白了，假如过不了河，不仅自己会成为俘虏，就连城市也会落在敌人手里。

太阳落山，夜幕降临。黑暗和寒冷更是加剧了士兵的恐惧与绝望。更糟的是，起了北风，到了半夜，又下起了鹅毛大雪。士兵瑟缩成一团，紧紧抱着战马，借战马的体温取暖。他甚至连抱怨自己命苦的力气都没有了，只有一个声音在他心里重复着：活下来！他暗暗祈求：上天啊，求你再让我活一分钟，求你让我再活一分钟！当他气息奄奄的时候，东方渐渐露出了鱼肚白。

士兵牵着马儿走到河边，惊奇地发现，那条阻挡他前进的大河上面，已经结了一层冰。他试着在河面上走了几步，发现冰冻得非常结实，他完全可以从上面走过去。士兵欣喜若狂，就牵着马从上面轻松地走过了河面。城市就这样得救了，得救于士兵的忍耐和等待。

对成功人士来说，任何委屈都不足以让他心灰意冷，相反更能鼓舞士气，激发起一定要做成大事的欲望。能忍耐的人，能够得到他所要的东西。忍耐即是成功之路，忍耐才能转败为胜。

历史上，勾践灭吴的故事早已家喻户晓，而勾践能做到“卧薪尝胆”就是一种自控力，战败后的他完全可以继续自己享乐的生活，但是他却选择了忍耐，在吴王夫差面前，他饱受百般屈辱，并自称“贱臣”。这样的姿态，比委曲求全更甚，自己所受的侮辱和苦难那不是普通人能承受的，但勾践都一一忍耐了下来。这样的委曲求全，实则是一个计谋，勾践早已经将整个计划运筹帷幄于股掌之间，这才有了后面“勾践灭吴”的故事。

的确，在人生发展的道路上，我们如何选择继续往前走，决定了我们生命的高度，一些人贪图享乐，甚至愿意一条道走到黑，他们浑浑噩噩地度过每一天，在错误的道路上越走越远，甚至在追逐已定目标的道路上逐渐迷失了自己。因此，我们每个人都应该学会正确地定位自己、认清自己，看到自己的价值，然后找准目标，挖掘到自己的内在动力，再朝着正确的方向努力，你就能充分发挥自己的价值。总之，我们要告诫自己，绝不做一个没有追求、漫无目的的享乐主义者！

然而，我们不得不承认的一点是，现代社会，随着物质生活的提高和科学技术的进步，一些人被周围的花花世界所诱惑，一有时间，他们就置身于灯红酒绿的酒吧、歌厅，就连独处时，他们也宁愿把精力放在玩游戏、上网上，时间一长，他们的心再也无法平静了，他们习惯了天天玩乐的生活，再也没有曾经的斗志，最后只能庸庸碌碌地过完一生。

因此，无论何时，我们都要控制自己的“玩”心，享乐只会让我们不断沉沦，闲暇时我们不妨多花点时间看书、学习，不断地充实自己，才能在未来激烈的社会竞争中立于不败之地。

任何一个人，要想有一番作为，就必须学会自控，控制自己的“玩”心、剔除自己的享乐主义心理。事实上，那些成功者之所以成功，并不是因为他们喜欢吃苦，而是因为他们深知只有磨炼自己的意志，才能让自己保持奋斗的激情，才能不断进步。

控制你的思维，行动前先思虑清楚

生活中，我们每个人都需要有一定的自控力，自控力是一个人成熟度的体现。没有自控力，就没有好的习惯。没有好的习惯，就没有好的人生。所谓自控力，指对一个人自身的冲动、感情、欲望施加的正确控制。然而，生活中，我们却常常会遇到一些扰乱我们脚步的事，它要么让我们产生坏情绪，或开心，或悲伤，或愤怒，或懈怠，但如果我们跟着情绪走不进行自控的话，那么，我们就可能会因为一时冲动而做出让自己后悔的事来，其实，要解决这一问题，我们首先要学会“控心”。我们在心情激动前，不妨先深呼吸一下，让自己冷静下来，那么，便能远离冲动，抑制激动，才能驶向开心的彼岸。

有一天，小林和老公去购物，走进一家裤行。

她走近一位售货员：“有靴裤吗？”售货员本来低着头，瞟了小林一眼，不耐烦地说：“长靴还是短靴？”小林说：“长靴。”“中间一排。”小林看了看，看中一条条绒布料的，就伸手去拿，这时从背后传来了叫喊声：“别拽别拽！”小林就停了下来，那个售货员给另一位顾客拿裤子，并牢骚满腹：“烦死我了。”随后鼻子不是鼻子、脸不是脸地对小林说：“哪条？”一见那架势，小林着实有点生气了，但她深呼吸了一下，还是忍住了，不值得计较。于是她不买了。她迅速走向门口，老公正在那儿等她。正好，店主人也在门口，看见了刚才发生的事，找了另一个售货员，要为小林服务，这个服务员说：“你可真是海量啊，一般去她那买衣服的人，没有不和她吵架的，你的修养可真是少见。”小林一听，倒也挺开心的。

小林面对这样的售货员，没有和她理论，而是先深吸一口气，调整了自己的情绪，然后离开了，她获得了别人对她修养的肯定。这就是一种自控能力。其实，本应该如此，何必生气呢？如果和她斤斤计较，只会徒增烦恼。

其实，无论遇到什么情况，激动都会使人们会做出失去理智的事，它给人带来的负面影响可能远远大于我们的想象，会给我们的生活带来深远的影响。

人们在遇到一些或悲或喜的事情时，都会激动，并且很难一下子冷静下来，所以当你察觉到自己的情绪非常激动，眼看控制不住时，一定要及时转移注意力等方法自我放松，鼓励自己克制冲动的情绪，对此，我们可以尝试以下让自己的行为慢下来的方法。

首先，放慢语速，调整心情。

如果你在说话，你可以试着让自己的呼吸均匀下来，然后做自我暗示：“放松，冷静。”如果你的情绪很激动，那么，你不妨先闭上眼睛，然后想想让自己高兴的其他事情，并尝试着站在其他人的角度审视自己的行为，慢慢地你就能冷静下来了。

你也可以尝试一下“数数法”法。不过这里的数数，并不能按照常规数字顺序，因为这样做并不会启动我们的理性程序，而应该打乱顺序，如1、4、7、10……这样一来，你的理性思考能力就可渐渐恢复了。

描述法也许能帮助到你。例如，你可以这样描述：“这个茶杯是黄色的……他穿的毛衣是黑色的……”数10~12项物体的颜色，之后你会发现自己冷静多了。

其次，理智思考，替换非理性的“自发性念头”。

你要明白的一点是，真正让你产生不良情绪的，是我们的想法，而不是别人的行为。换句话说，不是发生了什么事，而是我们如何解释事件，才会决定产生的情绪。

例如，你可以告诉自己：“我知道我的能力是极佳的，不会因为你一句话而影响我！”这样自我暗示，愤怒自然就无处可生，就会被其他情绪所替代。

最后，你可以使用建设性的内心对话。

既然想法是导致情绪的主因，容易动怒的人就应该加强内心的想法，准备一些建设性的念头以备不时之需。

例如，“不论如何，我都要平静地说，慢慢地说。”“我才不会生气，生气就等于暴露了自己。”

最后还有一点，就是在我们控制住冲动的情绪后，还要重新思考，努力打开心结，为什么会有冲动的情绪，为什么自己不能从一开始就看开点，为什么不能很好地控制情绪，这样才能从源头上遏制冲动。

总之，遇事先告诉自己要三思而后行是一种有效的转移激动情绪的方法，你应反复告诉自己，千万别立刻发泄，否则就会“伤”了自己，也会伤害他人。

生活中令我们激动的事情实在太多了，这无可厚非，但我们必须做到自控，最有效的做法就是先让自己放慢速度，而不是给自己加速（如应激反应）。“三思而后行”反应就是让你慢下来。

第4章

培养时间意识，谁掌控了时间谁就赢得了先机

现代社会，随着工作和生活节奏的加快，很多人总是抱怨被工作和生活压得喘不过气来，于是，他们总是说太忙了。你真的很忙吗？还是因为你没有时间意识，不懂得规划？“磨刀不误砍柴工”，没有时间意识的人，只会浪费更多的时间在毫无头绪的事情上。“一寸光阴一寸金，寸金难买寸光阴。”这是古人常告诫人们要珍惜时间的警言。的确，如果我们能学会珍惜时间，并充分利用它，我们做事的效率就会提高很多，就不会“瞎忙”，我们的时间也会逐渐充裕起来。

高效率工作的第一步就是要有紧急意识

我们都知道，我们每个人每天都拥有同样的时间，但是随着个人感觉和用法的不同，还是会产生天差地别的结果。为此，效率成为很多人尤其是职场人士关心的话题，而高效率工作的第一步就是要有紧急意识，紧迫感才是不断促进我们做好时间管理的动力。

我们先来看看某公关公司的市场部经理琳达是怎么工作的：

琳达是个做事雷厉风行的人，从她进入这家公司不到3年的时间，她就从一名市场专员晋升为经理，有这样的工作成绩，与她高效率的工作是有很大的关联的。

一次，在公司内部会议上，有下属问到她的工作心得，她这样阐述："我们是专业的公关人士，对我们最重要的是什么，是效率！我们的客户最重视的也是时间。所以，任何时候，我们都要有紧迫感。我建议大家，工作中，能电话解决的问题就尽量不面谈，能自己解决的问题就不要兴师动众地开会，能立即做的事情就不对坐闲扯，能当面交代的事不行文下达。大家看，为了能节省时间，我现在已经搬到办公室附近的地方住了……"

这里，琳达确实有自己一套节省时间的方法，值得上班族学习。

据专家考证，一般上班族真正每天用于上班达到忘我境界的时间只有两小时。而原因之一常常就是因为我们总认为自己有很多时间，没有做事的紧迫感，效率自然提不上来。我们也发现不少人上班时间要么是闲聊，要么是上网，到了下班时间才紧赶慢赶，要么坐等下班。

在如今飞速发展的时代，时间就是金钱，时间就是生命。没有哪位上司喜欢太慢的员工，工作效率是企业的生存之本，也是员工在企业中的发展之本。工作时我们要禁忌怠慢心理，优哉游哉的心境适合逛商场，而不是职场。无论从哪个角度看，我们都应该珍惜时间，培养出快节奏的工作习惯。

具体来说，我们应该这样做：

1. 有计划、有方向地做事

每日为自己制订一个工作计划，做一个工作列表，把每日需要做的具体工作按照轻重缓急排列，另外相似的工作最好排在一起，便于思考。先处理紧急的工作，再处理重要的工作，最后处理简单、缓慢的工作。制订工作计划，每日的工作才有方向，才不走冤枉路，马装车好不如方向对，没有方向瞎忙活，再努力也是枉然。

2. 做事专注

工作时一定要集中精力，全身心地投入工作，避免分心，要学会善于集中精力做一件事，而且是做好这件事。工作切忌三心二意，那样只会捡了芝麻掉了西瓜，甚至哪件事都做不好，让别人否定你的能力。

3. 简化工作

将简单的东西复杂化不是本事，将复杂的东西简单化才是能耐。当工作像山一样堆在你面前时，不要硬着头皮干，那样根本做不好。首要的任务就是将工作简化，当面前的大山被你简化成小山丘时，是不是豁然开朗？

4. 使用辅助工具

现代社会，办公室工作早已脱离了纸笔，会工作的人都擅长运用一些辅助工具。例如，电脑、手机等，简单的电脑办公软件有Word、Excel、PPT等，帮助我们编辑文件、分析统计数据等功能，有的公司还会使用财务软件、库存软材等。我们还可以使用手机的记事本、闹钟、提醒、计算机等功能，帮助我们记录、提醒重要事件。

5. 不断更新专业知识

多学习知识，尤其是专业知识，只有不断更新知识、不断学习，才能更有效地应对日新月异的职场问题，处理高难度的工作难题，才能比别人更优秀，才能提高工作的应对能力，比别人更有效率。

6. 充分休息

保证充足的睡眠，不仅能恢复当天体力，还能为第二天提供充沛的精力。睡眠在人的生活中占据相当重要的地位，在一天的24小时中，睡眠占1/3的时间，可见睡眠是不能应付的。只有身体、大脑得到充分的休息，我们才能有旺盛的精力投入到工作中，才能提高工作效率。

7. 劳逸结合，会休息才会工作

不能一味地埋头工作，就像老牛拉犁一样，人的体能是有限的，大脑也是需要休息的，超负荷的工作只能降低工作效率，产生事倍功半的结果。不会休息就不会工作，适当地放松下，工作间隙站起来活动15分钟，喝杯水，听听音乐，都可以让身心放松下来。工作时要为自己保留弹性工作时间。

8. 平衡工作和家庭

我们除了要工作外，还要照顾好家庭，对此，我们要做到平衡处理。

（1）工作和家庭生活要划清界限。对家人做出承诺后，就一定要做到。制定较低的期望值以免造成失望。

（2）学会忙中偷闲。不要一投入工作就忽视了家人，有时10分钟的体贴比10小时的陪伴还受用。

（3）学会怎么利用时间碎片。例如，家人没起床的时候，你就可以利用这段空闲时间去做你需要做的工作。

注重有质量的时间——时间不是每一分钟都是一样的，有时需要全神贯注，有时坐在旁边上网就可以了。要记得家人平时为你牺牲很多，度假、周末是你补偿的机会。

总之，我们需要明白的是，时间就是金钱，时间就是效率，时间是最宝贵的资源，时间不能消费，也不能买卖。我们工作时一定要有时间意识，消耗时间就是消耗青春，虚度光阴连工作都做不好更谈不上效率，没有人会赏识这种人。所以一定要加强紧迫感，在做每一项工作时都要都超紧迫的意识，不断地督促自己。

想要做出成绩，就要充分利用所有零碎的时间

随着时代的进步，人们对时间的意识和控制也越来越强，工作效率低下者拖延也在努力寻找自己的原因，但无论如何，善于管理时间的人绝对不会浪费一分钟的时间。实际上，那些常被拖延者忽视的零碎时间，如果我们能将它们串联起来，是能发挥很大的效用的。

的确，无论做什么事，要想做出成绩来，就要充分利用一切可利用的零碎时间。而从另一个角度来看，与零碎时间相比，大块时间的脑力劳动其实更容易导致疲劳的积累，使工作效率受到

很大影响。

著名的海军上将纳尔逊曾发表过一项令全世界懒汉瞠目结舌的声明："我的成就归功于一点：我一生中从未浪费过一分钟。"达尔文说："我从来不认为半小时是微不足道的一段时间。"雷巴柯夫曾说："用分来计算时间的人，比用时计算时间的人，时间多59倍。"

人们常说，时间往往不是一小时一小时浪费掉的，而是一分钟一分钟悄悄溜走的，我们每个人的一天只有24个小时，所以应该珍惜时间去充实自己。的确，一个人如果认识到时间的重要，看到自己水平不高，感到时间的紧迫，就会自觉地去利用零碎时间。古往今来，一切有成就的学问家都是善于管理时间的高手。

东汉时，有名学者，名叫董遇，幼年时代就痛失双亲，但他仍然孜孜不倦地学习，只要有闲余时间，他都会学习。他曾经说："我是利用'三余'来学习的。""三余"，即"冬者岁之余，夜者日之余，阴雨者晴之余"。也就是说在冬闲、晚上、阴雨天不能外出劳作的时候，他都用来学习，这样日积月累，终有所成。

我们最宝贵的不过是几十年的生命，而生命是由一分一秒的时间所累积起来的。没有善加利用每一分钟，时间是永远无法返回的。而"事情就怕加起来"这一古老的谚语也是说的这个道理。在事业上有成就的人，在他们的传记里，常常可以读到这样一些句子：“利用每一分钟来读书。”

然而，生活中不少人总是在为自己的偷懒找借口，因为他们认为那些零散的时间没什么用处，其实这些时间看似很少，但集腋能成裘，几分几秒的时间，看起来微不足道，但汇合在一起就大有可为。

实际上，对时间计算得越精细，事情就做得越完美，无论是学习还是做事，如果你能以分为单位，对那些看起来微不足道的零碎时间也能充分加以利用，你就能有所收获。

以学习为例，零碎时间的学习能保持大脑的兴奋状态，效果极佳。而且，如果你致力于学习，那么，利用零碎时间学习一些必须熟记的生词、公式、规则等，有利于反复记忆，加深印象。利用零碎时间的技巧很多。例如，我们可以准备一个随身携带的小本子，记上要背的单词和知识点，有空就读一遍；在起床、洗脸、刷牙、就餐等活动场所的墙上，钉上一个和视线等高的小夹子，夹上一张卡片，卡片上写上当天要背的单词、公式等；还可运用录音机，把要背的知识内容录下来，吃饭、洗脚的时候都可以听。总之，利用零碎时间反复记忆，不仅会明显提高我们的学习效率，还能培养我们分秒必争的好习惯。

不得不说，现代社会中的人都有很大的压力，除了工作还要学习、生活，由我们自己自由支配的大块时间很少，因此，赢得时间就十分重要了。

也许现在你已经发现自己每天有很多时间流失掉了，如等车、排队、走路、搭车等，可以用来背单字、打电话、回邮件等。每个人一天的时间都一样，但是善于利用零碎时间的人，就能得到更多的益处。具体来说，把零碎时间充分利用起来，需要我们做到以下几点。

1. 善于利用等待的时间

我们每天都会有这样一些时间是处在等待中的，如等车、排队等。等待让人觉得很无聊，如果你拿出平常准备的问题本，进行回忆和思考，那么，经常这样，你的记忆力就会提高。

2. 善于利用走路或坐车的时间

不少人上班都是乘坐公交车，这段时间，你可以思考一些工作中遇到的问题，也可以听一些英文单词，关键是要有问题意识和善于思考的习惯。

3. 善于利用睡觉前的时间

你可能也发现，当你躺上床之后，进入睡眠状态还需要一段时间，此时，你可以将一天的做事、学习情况在大脑中过一遍，起到回忆和思考的作用。

不得不说，人的心理是微妙的，如果我们认为剩下的时间充足的话，注意力就会下降，效率也随之降低；一旦知道必须在单位时间内完成某事，就会自觉努力，从而使效率大大提高。如果坚持每天读10页文章，哪怕坚持读1页，一年就是365页，十年即

3650页呢；但是如果你每天落后别人半步，一年后就是183步，十年后即108000步啊！可以说，人的潜力是很大的，善于利用零碎时间，通常不会影响身心健康，但却可以有效地提高做事效率，何乐而不为呢？

瞻前顾后只会拖延时间、浪费生命

你是否经历过以下场景：下班后，你需要留下来赶点工作，但同时又是你竞争者的同事却一直给你打电话，约你去喝一杯。你怎么办？你是继续加班还是经不住他的诱惑？如果你选择后者，那么，这只能说明你是个容易被他人影响的人。

成功学创始人拿破仑·希尔说："生活如同一盘棋，你的对手是时间，假如你行动前犹豫不决，或拖延行动，你将因时间过长而痛失这盘棋，你的对手是不容许你犹豫不决的！"

因此，如果你是个希望提高执行力和渴望有所作为的人，那么，你就必须努力成为一个有主见的人，做任何事，在做抉择时，如果你左思右量，就会延误时机。的确，有时候，思虑周全并不为过，但千万不能瞻前顾后。所谓不要瞻前顾后，就是不要考虑别人如何评价我们、如何看待我们、我们能得到什么回报、得到什么奖励表扬荣誉。别人的评价是在我们的事情之后，而不可能在我们的行动之前或同时；而且是在我们做过之后很久很久，才会有客观的中肯的评价。那些及时的、同时的表扬和奖励都是安排的与鼓励性质的，不是真正客观的、准确的评价。

不得不说，我们工作和生活中不少人都是因为缺乏主见、被别人左右行为而在拖延时间、浪费生命。他们太容易被周围人的闲言碎语所动摇，太容易瞻前顾后，患得患失，以至于给外来的力量可以左右他们的机会，这样，似乎谁都可以在他们思想天平上加点砝码，随时都有人可以使他们变卦，结果弄得别人都是对的，自己却没有主意。

我们可能都听过拿破仑因为晚了1分钟而兵败滑铁卢的故事。拿破仑十分珍惜时间，他知道，每场战役都有“关键时刻”，能否把握住这一时刻决定战争的胜败，稍有犹豫就会导致灾难性的结局。拿破仑说，奥地利军队之所以不敌法国军队，是因为奥地利军人不懂得1分钟的价值。同样，历史毫不留情地在拿破仑身上重演，在滑铁卢战役中，拿破仑自己就因为晚了1分钟而被敌人打败，就因为这短短的1分钟，拿破仑被送到圣赫勒拿岛上，成了阶下囚。

我们大部分人都很希望成功，但只愿意做很少的努力。而那些成功者之所以会成功，是因为他们即使害怕也会行动，而大多数人正是因害怕而没有作为。约翰·沃纳梅克——美国出类拔萃的企业家这样说过：“没有什么东西你是想得到就能得到的。”

成功的人与那些蹉跎人生的人的最大区别，就是行动！如果你能追溯那些成功人士的奋斗之路，你就会感叹：“难怪他会做得这么好！”什么样的行动能获得最大的成功呢？是马上行动！生活中的人们，你也不要再感叹时光荏苒了，从现在起，立即行动吧，1秒钟也不要耽误，下一刻也许就是成功！

可见，我们在执行时，对世俗复杂环境我们能避开就避开，不要轻信别人的话，人要有自己的主见。你要有坚定的信念，只有自己当机立断，相信自己的判断和能力，远离小人，你的事业才会成功。

的确，人世间有太多会扰乱我们心绪的因素，对此，我们要懂得调节，才能避免他人的有意干扰，为此，我们需要注意以下几点。

1. 要养成独立思考的习惯

不能独立思考、总是人云亦云、缺乏主见的人，是不可能做出正确决策的。如果不能有效运用自己的独立思考能力，随时随地因为别人的观点而否定自己的计划，将会使自己的决策很容易出现失误。

2. 决策要稳健

有时候，你的大脑可能一味地陷入哪个好哪个坏的争论之中，事实上没有这个必要，只要没有明确的二者择一的必要，就不必太早决策。

3. 坚决按照某种原则执行

利与弊往往是事情的一体两面，很难分割。有的人明明事先已经编制了能有效抵御风险的决策，但是一旦现实中的风险牵涉到自己的切身利益时，往往就不容易下决心执行了。

4. 不要总是什么都试图抓住

过高的目标不仅没有起到指示方向的作用，反而由于目标定得过高，带来一定心理压力，束缚决策水平的正常发挥。事实上，在多数环境中，如果没有良好的决策水平做支撑，一味地追求最高利益，势必将处处碰壁。

5. 不要怕工作中的缺点和失误

成就总是在经历风险和失误的自然过程中获得的。懂得这一事实，不仅能确保你自己的心理平衡，而且还能使你自己更快地向成功的目标挺进。

6. 不要对他人抱有过高期望

百般挑剔，希望别人的语言和行动都要符合自己的心愿，投自己所好，是不可能的，那只会自寻烦恼。

总之，你需要明白的是，培养自己的执行力极为重要，因为机会稍纵即逝，并没有留下足够的时间让我们去反复思考，反而要求我们当机立断，迅速决策。如果我们犹豫不决，就会两手空空，一无所获。

你每天的时间都是怎么安排的

的确，时间是最宝贵的资源，合理安排时间就是“预算”生命。你若希望高效地做事，就应该根据自己的工作和生活，对时间做出总体安排。

在我们的生活中，善于规划时间的人毕竟不是大多数，我们经常听到的是人们的抱怨：“忙死了”，他忙于上下班，忙于赶车，忙于接孩子、做饭，忙于检查邮箱、维系人际关系……他们甚至感叹：要是每天比别人多出一小时就好了，其实，即便如此，他们也有可能无法处理完这些事，因为他们不善于规划自己的生活。其实，真正的时间管理就是从规划我们一天的时间开始的。

那么，现在，在排除我们长期规划的情况下，你不妨先来回忆下，你每天的时间都是怎么安排的，我们又该怎样安排每天的时间呢？

根据以下四个问题的脚步，也许你能找到答案：

第一个问题：在你的待办事项中，有哪些是必须做的？

也就是说，这些活动是每个人每天都必须完成的，是维持我们生存的基本活动，如吃饭、睡觉等，虽然你能在这些活动上尽量压缩时间，但总的来说，你不可能完全避免这些活动。

另外，除非你已经具备了充足的物质、资金，否则，你还要参加社会工作，以此来维持正常的生活所需，如居住、购买食物、衣物等。

所以，我们几乎每个人都要在吃饭、穿衣、睡觉、工作等方面花费一定的时间。

第二个问题：你的常规性事务有哪些？

起床、吃饭、出行、参加工作会议、读书……你需要完成多少这样的工作量，主要还是决定你在企业、家庭、社交圈中的位置。

其实，在我们平时的生活和工作中，这些基本的活动并没有被我们所认识到，但却花费了大量的时间，可能很多人用了一生的时间为这些事忙个不停。

家庭主妇也经常会遇到这些情况。她们经常会很努力地做好自己的本分工作，结果却发现自己虽然终日忙忙碌碌，但始终没有相应的成就感。

第三个问题：你的遗留事务都是什么？

事实上，大多数人每天的活动内容都是由自己当前正在处理、但还没有完成的工作决定的：如你昨天、上个星期或者是上个月开始的某个项目。我们常常并不想做什么事，但却身不由己，如我们原本准备在晚上写一些随笔，但却接到电话，不得不参加曾经允诺过的一个朋友聚会。

第四个问题：一些意外事情。

生活总是充满意外，我们不可能将所有的事规划进去，所以，我们要预留一些时间处理那些意外事情。

例如，头一天晚上，你事先定好了闹钟，但早上你一睁开眼睛，却发现闹钟没电了，你也因此晚起了，结果你迟到了2小时才到办公室，而你本来打算提前到15分钟，把昨天没有完成的工作补完的。不仅如此，到了办公室之后，你发现琼斯先生已经打来5个电话，抱怨说他至今没有收到你昨天答应送给他的文件，所以你不得不立即打电话到快递公司问问情况，然后发疯一样督促他们抓紧时间……

再如，你原本5点半下班，但是这天老板突然跟你说需要加半个小时的班，所以，你6点才离开办公室，你的孩子正在幼儿园等你接回家，你不得不打电话给你的爱人，但此时的他（她）正在加班，于是，你们为谁接孩子的事吵了一架，此时你还不得不往幼儿园赶，谁知道，赶在下班高峰期的你堵在了路上，你的心情无比烦闷……

不难想象，我们每天的生活都是被这些必要的活动、常规任务、遗留工作，以及我们刚刚谈到的意外情况充斥着。对于大多数人来说，他们终日纠缠于这些事务当中，一辈子也不可能找到足够的时间来实践自己的人生目标。那么，如何避免这样的情况呢？

你首先必须分辨出那些浪费时间的活动，并通过停止这些活动来为自己挤出更多的时间。要想实现那些对你来说真正重要的人生目标，只有一种途径：认真规划你每一天的时间。

当然，我们每天做的时间规划，也不可过于理想化，因为我们做规划的目的是让生活更有计划性，而不是被时间牵着鼻子走，你整个生活都在被时钟控制，变得毫无生趣。相比之下，如果能够在安排日程的时候为自己留出一些自由时间，你就会感觉自己对生活有了更多的控制，每天的工作和生活也就会感觉更加顺畅。

别在一些琐事上过分浪费时间

生活中，我们常常听到身边的人说："做人，别指望所有人都会喜欢你。"其实，这句话也可以运用到我们的时间管理中，也就是说，要真正充分利用时间，我们就不要试图把每件事的细枝末节都做到完美。时间是绝对有限的资源，你选择了做某件事情，就隐含了你放弃做别的事情。"做别的事情"就是你的"机会成本"。所以，我们做事情的标准，不是"某件事有没有意义"，而是"某件事是不是最有意义"。

琴琴是某家公司新聘请的文员，她一直是个追求完美的人。

无论上司交给她什么任务，她都努力做好。

有一天，她的女上司说："这份资料是急着用的，你把它分成两份，各打200份。"

于是，她开始了自己的工作，而在打印中，她发现，居然有很多错别字，于是，她耐心地把这些错别字改正了，她原以为上司会夸奖她，但事实上，她却因为没按时把资料交上而挨了上司的骂，而最重要的是，那些在她看来是问题的错别字，却是公司的一些专业术语，改过后的正确的字自然也改变了公司的原本意思，为此，她闹了不少的笑话……

看完这个故事，你想到什么呢？琴琴为什么会闹出这样的笑话？因为她太苛求细节了，重视细节固然是好事，是一个人是否负责任的表现，但苛求细节有时却是好心办坏事。而且，在你看来的完美在别人眼里却不一定很完美，因为无论是任何的人或是任何的事物都是相对立的……

的确，什么事情都会有个度，追求完美超过了这个度，就会降低我们的做事效能，毕竟我们每个人每天只有24个小时，在一件事上消耗过多的精力，在单位时间内也就无法完成工作计划。

许多人都已经意识到完美主义给自己带来的困扰，然而他们却不敢面对这个问题。他们怕因小失大，造成错误。殊不知即使有了错误，也能很快弥补。事实上，从宏观角度做好时间管理，能为我们省去很多不必要的麻烦，也绝不会有太大的风险。这样工作就进行得快多了。

真正懂得如何利用时间的高手，一定是懂得如何舍弃的人。被我们羡慕的那些成功者其实都不是神通广大的人，他们也不可能做到“一心几用”。那么，我们该如何管理时间呢？我们最需要掌握的一个原则是——确保自己永远在做最重要的事情。

确保自己一直都在做最重要的事情，实际上也就是确保自己的时间一直都在被高效地利用。对此，有以下几条建议。

1. 记录时间损耗

要提高管理者的有效性，第一步就是记录其时间耗用的实际情形。事实上，许多有效的管理者都经常保持这样一份时间记录，每月定期拿出来检讨。至少，有效的管理者往往以连续三四个星期为一个时段，每天记录，一年内记录两三个时段。有了时间耗用的记录样本，他们便能自行检讨了。

2. 要专注，也就是说“一次仅做一件任务”

在大多数公司，人们越来越忙碌。尤其是那些高层领导者其忙碌的情况简直不可思议。除了众多的出差外，就是数不清的会议，工作负担越来越重，但结果却都是毫无贡献的居多。当然真正有生产力的也有，只是寥寥无几而已。其实，仔细分析原因，我们发现，他们同时专注的事情太多了，什么都想做，什么都想管，结果什么都做不好。因此，你若要想提高工作效率，就应该从本质上消除“兼顾”的想法，一次仅做一件任务。

3. 培养自己严谨的做事习惯，减少拘泥于小事的时间

不难发现，如果一个人连自己的房间都一团糟，鞋子东一只、西一只，那么，他必定也是个做事丢三落四、凭兴致所至，观察没有顺序、思维缺乏条理的人。因此，你需要从生活中小事做起，不断培养自己良好的生活习惯，能减少自己的马虎粗心。常用方法是：自己整理自己的衣橱、抽屉和房间，培养自己仔细、有条理的习惯；自己安排自己的课余时间和复习进度表，培养有计划、有顺序的习惯。天长日久，你就会变得思维严谨起来，做事有规划，自然也就不会把过多时间耗费在细节上了。

4. 学会舍弃一些不必做的事

将时间记录拿出来，逐项逐项地问："这件事如果不做，会有什么后果?"如果认为"不会有任何影响"，那么这件事便该立刻取消。

然而许多大忙人天天在做一些他们觉得难以割舍的事，如应邀讲演、参加宴会、担任委员和列席指导之类，不知占去了他们多少时间。其实，对付这类事情，只要审视一下对于组织有无贡献，对于他本人有无贡献，或是对于对方的组织有无贡献。如果都没有，完全可以谢绝。

诚然，我们每个人都深知细节的重要性，细节虽然小，但若是不注意，就会酿成大错。因此，注重细节是做好一件事的前提。然而，不得不承认的是，我们做任何一件事，都不可能做到

面面俱到，也不可能将所有事都做好，如果你太过追求完美，那么，你一定会精疲力竭。其实，时间在一分一秒不停地过，而一切都不是静止不变的，生活也在改变，就算你在这方面把事情做得很好，但没有多久事情有变化的趋势，再从另一个角度来看，或许就不是那么完美了。俗话说："计划赶不上变化。"无论你想把事情做得多么完美，那都是不可能的。你只有注重事情的细节，认真地尽心地把事情做得更好，而不应该苛求完美。

时间有限，确保自己永远在做最重要的事

生活中，我们常说"有舍就有得"，舍与得本来就是相互依存的。同样，在我们的工作和生活中，我们要想提高做事效率，就不可能把所有事都做好，毕竟我们的精力和时间有限，所以，效率专家建议我们，永远要保证自己在做重要的事，一些不重要的事，我们可以用较少的时间去完成或者舍弃不做，这才是提高效率的要义。秉持这一原则做事，必定事半功倍。

小刘因为工作努力，年纪轻轻就当上一家食品公司的车间主任。从事这个行业以来，他一直兢兢业业，也深受上级领导的赏识和信任，但他也有自己的苦恼：身为车间主任，原本他的工作是管理工人，但实际上，很多时候，面对工人的懒惰，他实在无

法管理。

例如，上个星期一，他要去外地出差，临走之前，他交代员工要将客户紧催的一批货赶出来，并且要严把质量关。

小刘心想，在他回来之前这批货应该能出厂了。但情况再一次出乎他的意料，当他回到公司以后，发现这些工人不但没有赶工，反倒忙自己的事情去了。气急的他问员工小王：“我交代你的事情你做好了吗？怎么有时间玩手机？”

“是吗？这批食品不一直都是A组负责吗？”小王很诧异地回答道。

小刘又找A组的小秦，没想到小秦的回答是：“您出门之前不是找了B组的人谈话吗？”

此时的小刘已经什么都不想说了，现在他能做的，就是拖着疲惫的身体替员工干活。

小刘在工作中出现了什么问题？他是一名管理者，他的工作重心应该是管理，而不是亲力亲为去做下属的工作。

真正懂得高效率做事的人，一定是懂得如何舍弃的人。被我们羡慕的那些成功者其实都不是神通广大的人，他们也不可能做到“一心几用”。摒弃完美主义，我们必须掌握一个原则——确保自己永远在做最重要的事。事实上，从宏观角度看，能为我们省去很多不必要的麻烦，也绝不会有太大的风险。这样工作就进行得快多了。

我们常常有这样的感触：一天内，我们除了工作外，还需要生活、休息、娱乐，我们要做的事情实在是太多了。单以工作为例，我们也有做不完的报表、开不完的会、见不完的客人……

于是，我们会选择做个时间计划表，时间被安排得满满当当，所有事务也都被安排进去，但实际上，我们在执行的时候，依然发现很难完成。这是为什么呢？因为这份计划表缺乏条理性。

无论是工作还是生活，都是要有章法的，不能眉毛胡子一把抓，要分轻重缓急。这样才能一步一步地把事情做得有节奏、有条理，达到良好的结果。法国哲学家布莱斯·巴斯卡说："把什么放在第一位，是人们最难懂得的。"

那么，我们该怎样保证永远在做重要的事呢？

那么，我们该如何有计划地安排自己的时间呢？

对此，效率专家的建议是，要按照事务紧急和重要程度来安排时间。

大致来说，事务可以分为四种类型，管理者应该根据每种事务类型来安排工作的先后顺序。

1. 紧急且重要

这类事指的是火烧眉毛之事，如事关企业效益的事、重要会议、亲人生病需送医院等。对于这类事，一般都不可马虎，在众多事中，理应首先处理。

2. 紧急但不重要

对于接打电话、批阅文件、日常会议等事务，也需要管理者赶快处理，但不宜花去过多的时间。

3. 重要但不紧急

有些事务，诸如人才培养、远景规划等，看起来并不紧急，可以从容地去做，但却是管理者要下苦功夫、花大精力去做的事，是管理者的第一要务。

4. 不紧急也不重要

包括无意义的会议、可不去的应酬等。对于这类事务，管理者可先想一想："这件事如果根本不去理会它，会出现什么情况呢？"如果答案是"什么事都没发生"，那你就应该放慢脚步甚至是停止了。

总之，在工作和生活中每天都有干不完的事，唯一能够做的就是分清轻重缓急。要理解急事不等于重要的事情。只要我们合理安排时间，大可以不慌不乱，甚至有一些充裕的时间享受生活。

第5章

坐而言不如起而行，一次行动胜过一百次空想

生活中，我们每个人都有梦想，也有自己的目标，但最终执行的人却没有几个，这就是为什么有的人最终失败，有的人却成功了，想法、目标每个人都有一点，计划有的人有，有的人还不完善，而执行的人却没有几个，这就是人们的差距会有这么大的原因。不同的人有不同的执行能力，我们一定要训练自己在执行之前就想清楚所有可能出现的问题，最终朝着我们的目标前进，这样才可能更好地完成任务，最终实现梦想。

执行力：把想法变成行动，把行动变成结果

无论我们有多少智慧、多少创意、多少决策和管理能力，我们常常从事的还是执行的事情，所以一个人执行力的好坏决定了他是否能够升职、是否能加薪、是否能走向决策层，所以说执行力就是一个人最终成功的保障。马云曾经说过这样一句话："孙正义跟我有同一个观点，一个方案是一流的Idea加三流的实施；另外一个方案是一流的实施加三流的Idea，哪个好？我们俩同时选择一流的实施加三流的Idea。"所以说执行力在人们成功的过程中扮演着最重要的角色。

那么执行力到底是什么呢？执行力，指的是贯彻战略意图，完成预定目标的操作能力，是把企业战略、规划转化成为效益、成果的关键。执行力包含完成任务的意愿、完成任务的能力、完成任务的程度。对个人而言，执行力就是办事能力。简言之，执行力就是把想法变成行动、把行动变成结果的能力。

一个人有想法是好事，但是如果不能把想法进行实施，变成能够体现自己价值的行动，那么再好的想法也是空想。我们可以看到，在历史上，我们有很多很有想法但是执行力却差得一塌糊

涂的人。

在古代，有很多“坐而论道”的例子，他们都乐衷于坐在原地讨论政策的好坏，讨论怎样治理国家，却没有真正实施的才能。我熟悉的最有执行力的人物就是商鞅，他运用的大概是法家的理论，因为他很注重变革，他在实施自己的变法之前，在国都集市的南门外竖起一根三尺高的木头，告示：有谁能把这根木头搬到集市北门，就给他五十金。有个人壮着胆子把木头搬到了集市北门，商鞅立刻命令给他五十金，以表明他说到做到。然后他下令变法，新法很快在全国推行。

在一个企业里，决策很重要，但是如果不能得到推行，或者贯彻他的人总是打折扣，把本来很好的策划执行得似是而非，那么它的发展就不可能很好。在我们的企业里，并不缺少先进的管理经验，也不缺少先进的经营理念，缺少的是照章行事的执行力。如果一个企业能够按照上层的想法，不折不扣地执行下去，那么很快就能够看到成效。

一个人想要成功也是这样，有想法是好事，但是仅仅停留在想的阶段，而不去行动、不去实施，那再好的想法也不可能为自己的人生创造价值。从现在开始，你一旦有一个想法、一个念头，就应该把自己的这个想法、念头记录下来，然后进行完善，使它成为一个具体的、明确的可以执行的主意、想法、策划，然后制订出自己的具体计划，立刻行动，去实现这个想法。可以先从简单的开始，训练自己立刻行动的特质，只有拥有这种特质，你才可能逐渐走上成功的道路。

执行的路上肯定有困难，但是一定要相信，方法肯定要比困难多，多想办法，想出不同的方法解决问题，这样才可能真正实现自己的想法。只要知道我们需要达成的目标是怎样的，就不要畏惧困难，更不要退缩；不断寻找方法，解决难题，只有这样我们才可能最终实现梦想。非凡的执行力是一个人成功的关键，我们必须让自己具有这种能力，凡事都可能完成，不要找借口，只要积极寻找方法，相信我们就能解决所有困难。

想法、目标每个人都有一点，计划有的人有，有的人还不完善，而执行了的人却没有几个，这就是人们的差距会有这么大的原因。不同的人有不同的执行能力，我们一定要训练自己在执行之前就想清楚所有可能出现的问题，最终朝着我们的目标前进，这样才可能更好地完成任务。把想法变成行动，变成结果，是一种非凡的能力，有的人善于做具体的事，善于落实；有的人则不善于。不善于也没有关系，如果你能够找到善于帮你落实目标的人去执行，也是一种方法。

不过在此之前，你一定要有立刻行动的决心，坐而言、坐而思只能形成方法，起而行才可能有成果。

从小事做起，别总想着做大事

现实社会需要脚踏实地、踏踏实实做事的人，尤其是一个年轻人，一无工作经验，二无真实实践本领，三无人脉关系，如果总想着一鸣惊人，那么注定就要遭遇挫折。可是现在的很多年轻人做事都比较浮躁，好高骛远，不肯从最基本的小事做起，总想着遇到一个绝好的机会，自己能够成就一番大事业，于是一次一次与可能成就自我的机遇擦肩而过。

现实需要人们脚踏实地地开始自己人生的第一步，人有抱负是好事，但是如果不屑于从身边的小事做起，你就永远不会做大事，也做不成大事。事实上有很多企业都特别重视年轻人做小事的态度，一个认为自己从事的工作是重要的，踏踏实实去做好自己工作中的一切细节的人才值得托付更重要的工作。

福特汽车公司的创办人亨利·福特在发迹以前曾有这样一件轶事。那时候他刚刚大学毕业，去一家汽车公司应聘，和他一起应聘的三四个人都比他学历高，他觉得自己希望不大。轮到他的时候，他敲门走进了办公室，但突兀的是办公室门口地上有一张纸，于是他弯腰捡了起来，发现是一张垃圾纸，便顺手把它扔进废纸篓里，然后来到董事长的办公桌前，自我介绍了一下。董事长说："很好，很好！福特先生，你已被我们录用了。"福特惊讶地问他原因，董事长说："福特先生，前面三位的确学历比你高，且仪表堂堂，但是他们眼睛只能看见大事，而看不见小事。你的眼睛能看见小事，我认为能看见小事的人，将来自然能看到大事，一个只能看见大事的人，他会忽略很多小事。他是不会成功的。所以，我才录用你。”

董事长的预言没有错，凭着踏实肯干的精神和注重一切小事细节的习惯，福特日后创办了以自己名字命名的美国福特汽车公司。

可是我们周围的一些年轻人，却觉得自己生来就有多么了不起，一心想成就一番大事业。“一屋不扫，何以扫天下”，年轻人没有经验和资历，不可能有人冒着风险把自己事业的赌注押在一个年轻人身上。再者，就算有人欣赏你、看重你，把重任托付给你，你所做的事情也必定是平凡，甚至琐碎的。

我曾看过这样一段话：“要想成为伟大的人，要选择伟大的时机、伟大的伙伴，但是具体事情要非常庸俗地按规矩操作。所谓创造历史，就是在伟大的时刻、伟大的地点和一群伟大的人做一件庸俗的事。”所以说具体到做事上，永远是平凡琐碎的小事、按规矩操作的庸俗。再伟大的事业，都是这样完成的。万里长征伟大吧，其实说白了，就是每天走一段路，如果你觉得走路太平凡不屑于去做，那你就错过了长征。航天事业伟大吧，实质上就是按照流程去操作那些看起来非常烦琐的程序和按钮，在具体的步骤上并不比开汽车更有趣、更伟大。

俗事往往就是这样，看起来很平凡的一件事，千遍万遍地完美重复，就变成了伟大。年轻人幻想做大事业是怎样一番局面，其实和你的职业一样无趣和琐碎，一定要按规则操作，并不像你想象的那样惊天动地。妄想一鸣惊人是不可取的，对于未来事业的过度幻想更是一个人浮躁的根源。

年轻人好高骛远往往是被自己崇高的理想所误导，觉得自己有多么大的志向，一定要做成怎样经天纬地的大事业，一定要每天轰轰烈烈地做事。其实世界上没有那么多精彩的事情，所谓的精彩常常是回想起来觉得多了不起，实际操作的时候只会感到琐碎和无聊，但是只有这样的坚持才能帮助你成就了不起的人生。

年轻人不要好高骛远，当你把目标定好以后，就要实实在在地一步一步按部就班地去实现它。如果你浮躁，如果你不顾自己的实际情况，妄想一步登天，那么你注定会跌得很惨。成熟的人懂得用理智的眼光来看待平凡的小事，懂得想要成就伟大的自己就必须把自己的基数变小，用时间为自己创造复利价值，就像在棋盘上放米一样，在第一格棋盘上放上一粒米，第二格放上两粒米，然后用幂的增长形势积累自己，最终你将无可限量。

找准自己的舞台，就能做出成绩

在封建社会，人分三六九等，职业也分三六九等。因此，无数人为了摆脱低贱的身份，挤在科举考试的道路上，只为了改变人生的轨迹。随着社会的发展，人们虽然不再像以前一样一门心思地崇尚依靠考试改变命运，但是在很长一段时间，人们依然把高考喻为“鲤鱼跳龙门”。似乎只要跨越了高考的门槛，人生就能从此一帆风顺。的确，在中华人民共和国成立后的很长一段时间内，“大学生”简直就是一个至高无上的荣誉光环，只要跨过高考的门槛成为大学生，很多农民子弟就能够摆脱面朝黄土背朝天的生活，进入城市的人群洪流中。不过，如今随着经济的发展，大学生已经不像之前那么紧缺了，人们对于大学生也不再一概仰视，归根结底，是因为社会上的工作机会、就业机会越来越多。即使不上大学，凭借自己的努力，很多人也能够生活得很好。还有很多人，虽然考上了大学，在就业的时候眼界也开阔了很多，他们不再仅仅凭借传统的观念来判断一个职业的好坏，而是用全新的目光衡定职业的价值，从而在更加宽泛的选择中找到真正适合自己的工作，实现自己真正的价值。

数年前，大江南北传遍了一条新闻，即北大毕业生陆步轩当屠夫的事情。由此，社会各界的人们展开了此行为是否浪费人才的大讨论。人们各抒己见，各自坚持自己的观点。直至今日，尽管人们对于职业的评判标准已经有了很大的进步，不再沿袭旧有的封建保守的观点，但是，北大毕业生陈生进入养猪行业的新闻依然引起了人们的广泛关注。当然，这次让人们惊讶的不是北大才子养猪是否浪费人才的问题，而是陈生的辉煌成就。在进入养猪行业不到两年的短短时间内，陈生就在广州开设了将近一百家猪肉连锁店，营业额高达两个亿。为此，人们称他为“猪肉大王”。毫无疑问，人们已经不再对北大毕业生卖猪肉的事情持有怀疑，而是将焦点集中在陈生在卖猪肉行业掀起的“变法革命”。其实，三百六十行，行行出状元。不管我们身在哪一个社会岗位，只要我们爱岗敬业，充分发挥自己的聪明才智，就一定能够做出一番成就来。

陈生是全中国赫赫有名的北京大学的毕业生。毕业后，他被分配到一个地方政府的秘书科当公务员。按照常理来说，公务员是一个人人艳羡的工作。然而，陈生却在家人和朋友不理解的目光中毅然决然地辞职了。辞职后，他不仅倒腾过白酒和房地产，还打造了“天地壹号”苹果醋。如今，他更是凭借卖猪肉成为千万富翁。

时隔多年，当谈起这件事情的时候，陈生说：“怎么说呢，我的性格很开朗，思维也比较活跃，所以常常做些不合常理的事情，这就导致我不适合党政机关的工作。”这个理由听上去很简单，也很空泛。在记者的询问下，陈生终于说出了迫使他辞职的真正原因：“就是因为穷啊。尽管我们当时都出自名校，但是，我们在机关里的工资却少得可怜，几乎可以用家徒四壁来形容。实在是穷怕了，只好下海去拼搏一番。”

在当时看来，陈生的举动简直是有些疯狂。对此，尽管陈生的家人也有疑义，却没有直接否定陈生的做法。陈生很坚决地辞掉了工作，并且开始了自己的奋斗历程。事实证明，如今的陈生是成功的。他把很多人都不屑一顾的养猪行业做得风生水起。

作为北大毕业生，假如陈生对于养猪的工作不屑一顾，甚至有点儿蔑视，那么就没有他今日的成功。时代在进步，社会在发展，经济的繁荣和市场的高度自由化给当代的人们提供了越来越多的机会与机遇。在这种情况下，我们必须摒弃成见，一视同仁地对待各行各业的工作。只有用心对待、努力拼搏，寻找到属于自己的舞台，我们才能走向渴望已久的成功。

生活给予每个人的机会都是均等的，很多时候，机会就在我们身边，我们却从未用心地去发掘它。甚至，当成功披着不引人注意的外衣出现时，很多人还会给予它不屑一顾的白眼。对此，要想不放过每一个机会，要想以更加理性和平和的态度对待人生，我们就要摆正自己的观念，千万不要因为对于职业的歧视而错失人生中千载难逢的好机会。我们既不应该自轻自贱，也不能盲目骄傲。不管做什么事情，要想成功，就必须放低姿态，努力认真地去做。

立即执行，不要总把事情留到明天

行动的天敌常常是人们的拖延，而能够停止拖延的最好办法就是马上付诸行动。犹太人只占全世界人口的1%，但全球7%的财富都掌握在他们手中。这其中的一个重要原因，就是犹太人学会做行动的主人。犹太人做任何事情都尽自己最大的努力，从来不把今天的事留给明天。他们做事情绝不会在那里拖延，而是做到今天的事情今天做，时刻谨记“今日事，今日毕”。

大多数成功者的时间观念都很强，所以他绝不会拖延时间，也不会浪费时间，他总是致力于把一件事做好。如果他认定是今天必须要完成的事情，他就会竭尽全力地去完成它，哪怕别人已经下班了，他还是会坚持把事情做完才下班。这就使他养成做事严谨、珍惜时间的习惯，这也成为他能够成功的一个重要条件。

马克·吐温曾经说过：“如果你每天早上醒来之后所做的第一件事情是吃掉一只活青蛙的话，那么你就会欣喜地发现，在接下来的这一天里，再没有什么比这个更糟糕的事情了。”由此引发出“青蛙”规则，对每一个人而言，“青蛙”就是最重要的任务，如果我们现在对它不采取行动的话，我们就很可能会因为它而耽误时间，我们的青蛙也可能成为对自己的生活产生最大影响的事情。

有人引申出“吃青蛙”的两个规则：一是如果你必须吃掉

两只青蛙，那么要先吃那只长得更丑陋的。简单地说，假如在一天里我们面临两项重要的任务，那么我们应该先处理更重要的那一项，即使重要的任务总是棘手的。养成这样的习惯，而且一开始就要坚持到底，完成一个目标接着开始另外一个目标。二是如果你必须吃掉一只活的青蛙，那么即使你一直坐在那里并盯着它看，也无济于事。摆在面前的即使是一件非常难做的任务，我们也需要立即行动，你漫无目的地思索，以及任由内心惰性的滋长只会浪费更多的时间，这可以使我们养成不假思索、立即行动的勤勉习惯。

为了完成既定目标，提高自己的工作效率在于立即行动，即“吃掉那只青蛙”所阐发出来的理论：每天早上要做的第一件事情，就是对你来说最重要的那件事情，并使之成为一种习惯。这样时间久了，自然就能养成“今日事，今日毕”的好习惯。大量的研究表明，那些成功人士身上最显著的共性是“说做就做”。一旦他们有了明确的目标，就会立即展开行动，一心一意、持之以恒地完成这项工作，直到完成目标为止。

如果你走进成功者的办公室，你就会发现在他的办公桌上，你是看不见有“未决”的文件的。他们的时间观念都极强，他们绝对不会去浪费时间。在他们“今天的事情今天完成”的观念里，积压文件的做法是非常不可取的。因为如果在办公桌上有待批的文件，里面就极有可能有一批是极其重要的。如果没有按时把它们处理了，就会有可能耽误很重大的事情，而这是变相地在浪费时间。

金钱能够储蓄，而时间不能储蓄。金钱可以从别人那里借，而时间不能借。人生这个银行里还剩下多少时间我们也无从知道。因此，时间更重要。用投资来做比喻，投入多少不能用金钱来衡量，而是要用时间计算。在时间和金钱这两项资产中，时间显得更为重要。只有时间才是最宝贵的，当你认识到时间宝贵的那一刻，你也会变得富有。由于时间观念极强，所以无论是在生活中还是在工作中，都会极为珍惜时间。年轻人做任何事情的原则就是今天能完成的事情绝对不要拖到明天。

懒惰是借口的来源，如果我们不再为自己找借口，那就必须让自己变得勤奋起来。生活给我们每个人一样的平台，谁跑得快，谁就能第一个站在台上接受鲜花和掌声。假如你跑得慢，就只能在后面忍受别人的讥讽。因此，假如你跑得慢，就需要比别人更勤奋一些。懒惰是一种习惯，勤奋也是一种习惯，既然都是一种习惯，为什么不把自己变得勤奋一些呢?

成功，来自你的积极的态度

卡内基曾经说：“只要你向前走，不必怕什么，你就能发现自己，成功一定是你的！”一个有积极态度的人，不会只停留在已有的条件或成绩上，他总是不停地开拓、不停地创造。世界是变化的，社会是发展的，因而不能被动地守着原有的东西，而应该主动地适应这种变化，不断地创新，不断地前进。谁有这种主动创新的积极态度，谁就能不断地排除困难，不断地获得成功。

犹豫不决的年轻人总是想“现在”“明天”“将来”之类的字眼，其实这些字眼与“永远不可能做到”的意义是相同的。如果你想成功，那就现在就去做。立刻开始工作，态度要主动积极，要自告奋勇去改善现状。要主动承担义务工作，向大家证明你有成功的能力与雄心。

有了目标，没有行动，一切都会与原来的目标背道而驰。有了积极的人生态度，没有立即行动，一切都极有可能转向成功的反面。所以说，主动是一切成功的创造者。赫胥黎有一句名言：“人生伟业的建立，不在能知，乃在能行。”并且孜孜不倦地强调“行”乃是扭转人生最有力的武器。

钢铁大王安德鲁·卡内基，19岁的时候在宾夕法尼亚铁路公司做电报员，一次偶然的机会，卡内基处理了一个意外事件，使他得到提升。

当时的铁路是单线的，管理系统尚处于初期阶段，用电报发指令只是一种应急手段，有很大的风险，只有主管才有权力用电报给列车发指令。斯考特先生经常得在晚上去故障或事故现场指挥疏通铁路线，因此许多时候他都无法按时来办公室。

一天上午，卡内基到办公室后，得知东部发生了一起严重事故，耽误了向西开的客车，而向东的客车则是信号员一段一段地引领前进，两个方向的货车都停了。到处都找不到斯考特先生，卡内基终于忍不住了，发出了“行车指令”。他知道，一旦他指令错误，就意味着解雇和耻辱，也许还有刑事处罚。

卡内基在《自传》中写道：“然而我能让一切都运转起来，我知道我行。平时我在记录斯考特先生的命令时，不都干过吗？我知道要做什么，我开始做了。我用他的名义发出指令，将每一列车都发了出去，特别小心，坐在机器旁关注每一个信号，把列车从一个站调到另一个站。当斯考特先生到达办公室时，一切都已顺利运转了。他已经听说列车延误了，第一句话就是：‘事情怎样了？’”

当斯考特先生详细检查情况后，从那天起他就很少亲自给列车发指令了。不久公司总裁汤姆逊先生来视察，见到卡内基便叫出他的名字，原来总裁已经听说了他那次指挥列车的冒险事迹。

不同的行动就会产生不同的结果，从结果中又可带出新的行动，把我们带向特定的方向，最后就决定了我们的人生。这就是少数人能从芸芸众生中脱颖而出的原因，他们不但有行动，并且有不同于一般人的主动。不要再只是被动地等待别人告诉你应该做什么，而是应该主动去了解自己要做什么，并且规划它们，然后全力以赴地去完成。想想今天世界上最成功的那些人，有几个是唯唯诺诺、等人吩咐的人？

其实，在主动进取的人面前，机会是完全可以“创造”的。中国石油战线的“铁人”王进喜有一句名言：“有条件要上，没有条件创造条件也要上。”创造条件就是创造机会。如果你想要成就某种事业而又不具备相应的条件，你就没有机会，而当你通过努力使自己具备了这些条件，就为自己创造了机会。努力提高自身的能力和水平，增强自身的优势，就会使自己面临更多的机会，对于一个人和一个企业都是如此。

我国著名导演张艺谋在成为大导演之前可谓历经坎坷曲折，但他以进攻的姿态为自己创造了一次次机遇。1978年，北京电影学院恢复招生，按他的家庭情况他是难过政审关的。但他用自己几年来的摄影作品“开路”，给素昧平生的文化部长黄镇写了一封恳切真诚的信，并附上自己的作品。颇通艺术的部长有强烈的爱才之心，派秘书去电影学院力荐张艺谋，张艺谋终于被破格录取。

尽管在校表现优秀，但命运仍然对他不公，毕业后他被分配到广西电影制片厂。但他并没有因处境不佳而自我埋没。外部条件不好，厂小、人少、设备差、技术力量薄弱，是不利的因素。但这里也有大厂所不具备的条件，那就是科班毕业生少，名导演、名摄影师少，因而论资排辈的做法不像大厂那么突出。张艺谋主动请缨，挑起大梁，以卓越的摄影才能，一炮打响，荣获“中国电影优秀摄影奖”。

年轻人，做个主动的人，要勇于实践，做个真正做事的人，不要做个不做事的人。创意本身不能带来成功，只有付诸行动时创意才有价值。用行动来克服恐惧，同时增强你的自信。怕什么就去做什么，你的恐惧自然会立刻消失。自己推动自己的精神，不要坐等精神来推动你去做事。主动一点，自然会精神百倍。

许多年轻人被成功拒之门外，并不是成功遥不可及，而是他们不能发现自己，主动放弃，认定自己不会成功。事实上，只要你每天限定自己要超越自我一些，成功便自会出现在你眼前。成大事的人就是如此。要获得卓越成就，你就应该主动追求。思想积极了，你才会摒弃懒散的习性。你必须让潜意识充满积极的想法，无论任何状况，你都要超越自我。

莎士比亚曾说：“聪明人会抓住每一次机会，更聪明的人会不断创造新机会。”年轻人对待机会要采取主动的态度，甚至要用我们的行动增加机会出现的可能性。著名剧作家萧伯纳说过一句非常富有哲理的话：“征服世界的将是这样一些人：开始的时候，他们试图找到梦想中的东西。最终，当他们无法找到的时候，就亲手创造了它。”真正的成功者不但要善于把握机会，更要善于创造机会。

第6章

努力没有借口，每天多做一点，成功早到一点

现实生活中，我们每个人都有自己的理想，并渴望成功，而最终能成功的人只不过是极少数，大多数只能与成功无缘，他们不能成功是因为他们往往空有大志却不肯低下头、弯下腰，不肯静下心来努力学习、从身边的本职工作开始积聚自己的力量。要知道，只有一步一个脚印，踏实、不浮躁地工作、学习，每天多做一点，成功就会早到一点。

少说话、多做事，每天多做一点

生活中，我们总能听到一些人会为自己的行为找借口：约会迟到了，会有路上堵车、手表停了的借口；考试成绩不理想，会有试题太难、身体不舒服的借口；只要细心去找，借口总会有的。他们总是不想方设法地去提高做事效率，而是把大量的时间和精力放在如何寻找一个更合适的借口上。那么，你有这样的弊病吗？如果你细心一点，你会发现，大凡成功的人都有个共同的特点，那就是他们总是少说话、多做事，做事效率很高，也就是他们具有很强的执行力。一个人缺乏服从执行力，就不会有高效率，就赶不上竞争对手，被淘汰出局。

俗话说："七分努力，三分机遇。"但偏偏有些人累死累活地干了一辈子，也不能出人头地，他们之中不乏有精湛的技术、很强的个人能力，其中的重要原因是没有立即行动的执行力。我们来看看下面这个故事：

从前，有两个和尚，分别在两个不同的寺庙修行，而这两个寺庙坐落在相邻的两座山上。这两个和尚每天早上都会见上一面。因为，在两山之间有一条小溪，这两个和尚都会来挑水。

时间过得真快，眨眼间，这两个和尚都在各自的寺庙修行了5年，他们也挑了5年的水。

突然有一天，左边这座山的和尚没有下山挑水，又过了一个星期，他还是没有下山挑水。右边这座山的和尚心想："我的朋友怎么了，为什么不来挑水了？难道是生病了。我要过去探望他，看看能帮他做点什么。"

很快，右边这座山的和尚来到他朋友的寺庙，但令他奇怪的是，他的朋友根本没生病，而是神采奕奕地在打太极拳。他好奇地问："你已经一个月没有下山挑水了，难道你们不喝水吗？"左边这座山的和尚说："来来来，我带你去看看。"随即便带着右边那座山的和尚走到了庙的后院，指着一口井说："这5年来，我每天挑完水、做完分内的工作后，都会抽空挖这口井。即使有时很忙，也能挖多少算多少。最后终于挖出了水。从那以后，我就不必再下山挑水了，也就可以有更多时间钻研喜爱的太极拳了。"

这个懂得挖井的和尚，就是个智者，他不仅挖出了井，让自己不用再费力挑水，还能抽出时间钻研自己喜爱的太极拳。

这个故事同样告诉生活中的我们，高效率地做事，就必须学会立即执行，而不是找借口拖延。

那么，生活中的你该怎样高效地做事呢？你需要做到以下几点。

1. 人生要有一个明确的目标

有些人没有目标，整天糊涂度日，一生忙碌，但到头来一事无成，默默终生。人生不在于时间的长短，而在于生活质量的高低，如果你不甘平庸，就从现在开始，为自己制订一个明确的目标，并为之努力吧！

也就是说，我们每个人都要为自己树立一个华丽的梦想，那么，无论你再辛苦，你也会感觉到快乐。

在你最忙碌、感到疲惫的时候，你不妨看看周围的人，即使做着同样的工作、看似差不多的生活，但在5年、10年乃至更短的时间，大家的命运都有可能完全不同，因为在每个普通的外表下，都有可能隐藏着不同的梦想，人生因梦想而变得闪闪发光。为梦想而工作，即使顶着压力，背负辛苦，你也会感到快乐。

2. 为实现自己的目标，制订出切实可行的计划，来逐步达到目标

你若想成功，就要做到：一旦有了目标，就围绕目标，想方设法，积极行动，为早日实现自己的目标而奋斗不已。

3. 要有时间的紧迫感

社会发展到现在，闲暇在每个人的生命中已经成为举足轻重、仅次于生活必需时间的第二大时间段。一个人要想有所成就，就应当重视合理地安排时间，最大限度地提高时间的利用率。在成功的诸多因素中，天资、机遇、健康等都重要，但把所有有利条件发挥出来的决定性因素，是利用好每一分、每一秒的时间。

总之，人生苦短，只有区区数十年光阴，在这有限的时间内，如何使自己的人生走向辉煌呢？我们无法延长时间，但我们可以追求效率。

你不是知足，而是不思进取

生活中，我们常说："知足常乐。"人之所以不快乐，就是不知足。实际上，人类自身的需求是很低的，远远低于欲望。房子再怎么大，也只能住一间；衣服再高贵，身上也只能穿一套；汽车再多，也只能开一辆在街上跑。能够认清这一点，我们就能够活得更加从容一点、豁达一点。我们生活中的一些人却曲解了"知足"的真正含义，我们倡导在物质生活上知足，倡导追求精神层次的享受，然而，这并不意味着我们应该安于现状、不思进取。

是啊，生命是一个过程。怎么享受生命这个过程呢？把注意力放在积极的事情上。懂得享受人生的人是淡定的，但他们绝不是看破红尘、不思进取，这是经过岁月磨砺后的沉稳含蓄，看淡世俗名利。

有一个年轻人看破红尘了，每天什么都不干，就是懒洋洋地坐在树底下晒太阳。有一个智者问他："年轻人，这么大好的时光，你怎么不去赚钱？"年轻人说："没意思，赚了钱还得花。”智者又问：“你怎么不结婚？”年轻人说：“没意思，弄不好还得离婚。”智者说：“你怎么不交朋友？”年轻人说：“没意思，交了朋友弄不好会反目成仇。”智者给年轻人一根绳子说：“干脆你上吊吧，反正也得死，还不如现在死了算了。”年轻人说：“我不想死。”智者于是说：“生命是一个过程，不是一个结果。”年轻人幡然醒悟。

这就叫“一句话点醒梦中人”。然而，我们生活的周围，为了彰显自己超然于物外，他们宁愿独处，不交朋友，甚至逃避社会竞争，他们以“自我中心”与“被动”，等着别人先关心自己，建立关系。事实上，久而久之，他们便真的失去了与人竞争的能力，失去了朋友，内心世界也真的孤独了。其实，在喧嚣的人世间，我们要保持内心的宁静，只要静下心来，坚定自己的信念，而不是给自己找借口逃避，因此，从现在起，不妨大胆地走出自我限定的世界。

石油大王洛克菲勒曾说：“与其生活在既不胜利也不失败的黯淡阴郁的心情里，成为既不知欢乐也不知悲伤的懦夫，倒不如不惜失败，大胆地向目标挑战！”他这句话是要鼓励我们勇于改变安稳的现状、敢于冒险。事实上，我们也发现，洛克菲勒本人就是个野心勃勃的人。

1870年，标准石油公司成立，洛克菲勒任总裁，该公司资产100万美元。洛克菲勒放言，“总有一天，所有的炼油和制桶业务都要归标准石油公司。”公司主要负责人不领工资，只从股票升值和红利部分中提成。“不领工资只分红”这个制度创新一直影响到现在的美国企业。洛克菲勒坚信：“一个人往往进入只有一件事可做的局面，并无供选择的余地。他想逃，可是无路可逃。因此他只有顺着眼前唯一的道路朝前走，而人们称它为勇气。”

的确，人生的旅途中，不敢冒险的人、不敢真正跨出第一步的人最终的结果只能使自己在给自己限定的舞台越来越渺小。没有舞台的演员就像被缴械的军人，被剥夺了笔的画家，成功离他就越来越远。

因此，生活中的人们，摒弃知足常乐的借口，培养自己进取和冒险的精神吧。对此，你可以这样锻炼自己。

1. 克服恐惧

做曾经不敢做的事，本身就是克服恐惧的过程。如果你退缩、不敢尝试，那么，下次你还是不敢，你永远都做不成。只要你下定决心、勇于尝试，那么，这就证明你已经进步了。在不远的将来，即使你会遇到很多困难，但你的勇气一定会帮你获得成功。

2. 为自己拟定一份“战书”

向自己不敢做的事“下战书”就是拿过去不敢做的事、曾经畏惧的事情“开刀”，克服自己的心理恐惧，扫除心里的“精神垃圾”，树立起信心。

也许你还有很多过去不敢做的事，那就列个困难清单逐个给它们下“战书”，只要做到每天有突破、有进步，总有一天你会把所有的“不敢做”都变成“不，敢做”，那么胆小怯懦的“旧你”就成为自信勇敢的“新你”了，成功就会向你招手。

其实人的一生就是一场冒险，走得最远的人是那些愿意去做、愿意去冒险的人。我们每个人都要相信自己能成功，要鼓起勇气，尝试第一步，这才是真正的勇者。

经过了枯燥与痛苦，才能收获成功的果实

在人生的道路上，我们常常会遭受不同的挫折与困难，面对挫折，人们有着不同的理解，有人说挫折是人生道路上的绊脚石，有人却说挫折是垫脚石，所谓“百糖尝尽方谈甜，百盐尝尽才懂咸”。与河流一样，人生也需要经历洗练才会更美丽，经过枯燥与痛苦之后，才能收获成功的果实。

哈佛有一句名言：“请享受无法回避的痛苦，比别人更早更勤奋地努力，才能尝到成功的滋味。”自古以来的许多卓有成就的人，大多是抱着不屈不饶的精神，忍耐枯燥与痛苦之后，从逆境中奋斗挣扎过来的。

有本书上曾经这样说：“能够忍受孤独的，是低段位选手；

能够享受孤独的，才是高段位选手。”诚哉斯言！不同的人生态度，成就了不同的人生高度。忍耐正是一种崇高的人生境界，古人曾作的《百忍歌》中有这样的句子，“忍得淡泊养精神，忍得勤劳可余积，忍得语言免事非，忍得争斗消仇冤”。忍耐不是软弱，反而是一种大度。忍耐也并不是妥协，而是一种胜利。在生活中，学会审视一下自己，我们根本没有理由对周围的一切都那么苛刻，要学会忍耐，这样会让生活变得更加轻松。

1832年，毕业于哈佛大学的林肯失业了，这显然使他很伤心，但他下定决心要当政治家，当州议员。糟糕的是，他竞选失败了。在一年里遭受两次打击，这对他来说无疑是痛苦的。接着，林肯着手自己开办企业，可一年不到，这家企业又倒闭了。在以后的17年间，他不得不为还企业倒闭时所欠的债务而到处奔波，历经磨难。

随后，林肯再一次决定参加竞选州议员，这次他成功了。他内心萌发一丝希望。认为自己的生活有了转机：“可能我可以成功了！”

1835年，他订婚了。但离结婚的日子还差几个月的时候，未婚妻不幸去世。这对他精神上的打击 实在太大了，他心力交瘁，数月卧床不起。1836年，他得了精神衰弱症。

1838年，林肯觉得身体良好，于是决定竞选州议会议长，可他失败了。1843年，他又参加竞选美国国会议员，但这次仍然没有成功。林肯虽然一次次地尝试，但却是一次次地遭受失败：企业倒闭、未婚妻去世，竞选败北。要是你碰到这一切，你会不会放弃，放弃这些对你来说重要的事情？

林肯没有放弃，他也没有说："要是失败会怎样？"1846年，他又一次参加竞选国会议员，最后终于当选了。两年任期很快过去了，他决定争取连任。他认为自己作为国会议员表现是出色的，相信选民会继续选举他。但结果很遗憾，他落选了。因为这次竞选他赔了一大笔钱，林肯申请当本州的土地官员。但州政府把他的申请退了回来，上面指出："做本州的土地官员要求有卓越的才能和超常的智力，你的申请未能满足这些要求。"

接连又是两次失败。在这种情况下你会坚持继续努力吗？你会不会说"我失败了"？然而，林肯没有服输。1854年，他竞选参议员，但失败了；两年后他竞选美国副总统提名，结果被对手击败；又过了两年，他再一次竞选参议员，还是失败了。

林肯一直没有放弃自己的追求，他一直在做自己生活的主宰。1860年，他当选为美国总统。

亚伯拉罕·林肯在竞选参议员失败后曾说过这样一句话："此路艰辛而泥泞。我一只脚滑了一下，另一只脚也因而站不稳；但我缓口气，告诉自己'这不过是滑一跤，并不是死去而爬不起来'。"确实，一次失败并不会让你一无所有，相反，因为内心的忍耐力，会让你得到宝贵的经验去开始下一次尝试。

因此，我们可以说，忍耐枯燥与痛苦是成功的必经之路。人生不可能是一帆风顺的，总是会有这样或那样的挫折与困难，在这个过程中，就需要我们去忍耐这个战胜挫折过程中的枯燥与痛苦，甚至是失败。这一切都需要忍耐，如果没有坚强的意志力，就难以忍受，最后就不能获得成功。如果你想赢得成功，就不得不忍耐这路程中的枯燥与痛苦、失败与辛酸，在忍耐之后继续奋斗，这样你才有力气走到最后，才能走向通往成功的路途。

让自己真的像一个成功者，你就能真的成功

西方国家有句谚语，意思说一个人如果想要成为某个样子，就要先把自己打扮成那个样子。这样一来，他渐渐地就会真的变成那个样子。细心的朋友会发现，在我们心情不好的时候，假如我们假装非常高兴，对着镜子微笑，那么我们就会变得越来越快乐，最终真正拥有好心情。从心理学的角度而言，这就是积极暗示的作用。

尤其是在现代社会的商场和职场，不管我们是自己开创事业的老板，还是给老板打工的职员，要想得到他人的另眼看待，要想让自己真正走向成功，得到他人的认可和尊重，我们首先必须让自己变得“像个成功人士”。这样一来，我们不但能够增强自

信，也能帮助他人树立对我们的信心。

小敏高考落榜之后，就跟随同村的小姐妹去了广州的一家服装厂打工。每天三班倒的流水作业使刚刚走出校园的小敏感到非常劳累，她已经受够了这样的日子，再也不想继续这么生活。此时，她开始想念无忧无虑的校园生活。当看到设计师来到车间里查看工作情况时，小敏更是羡慕不已：假如我也能成为一名设计师，就能够彻底改变现在的命运，也能够得到其他女工的羡慕。这么想之后，小敏开始对服装设计产生兴趣。

她先是临摹设计师废弃的图纸，随后再加入自己的一些小心思、小细节。由于刚开始没有美术功底，所以小敏的设计图难看极了。后来，小敏不断地勤学苦练，每到周六、日，她还会去那些高档的商场里多看时装，因而越来越有灵感，绘画的本领也渐渐提高。对此，很多同来的小姐妹都劝说小敏不要不切实际，她们已经认定自己一生都会是一个缝纫工人。然而，小敏对此不以为然。每当工作有闲暇，她还会主动去设计师的办公室，为设计师们打水、扫地、清理垃圾，做各种各样的杂活。就这样，小敏得到了很多设计师的喜爱和欢迎，他们也都很愿意尽举手之劳，为小敏指点作品。一年多之后，一个设计师告诉小敏有个业余服装设计大赛，小敏马上找出自己最得意的作品参加。结果，小敏居然得了一等奖，很多服装公司都问询赶来收购她的创意。这时，小敏把图纸奉献给自己所在的服装厂。不久之后，她不但得到了一大笔奖金，而且还被调到设计部担任设计师呢！

小敏实现了自己的目标，这一切都是因为她总是竭尽所能地表现得像一个设计师，也真正把自己当作设计师。

小敏先是像一个设计师，再到真正变成一个设计师，其间经历了漫长的过程。当然，她必然面对很多难题，但是她从未放弃过。正因为她始终像设计师一样要求自己，她才能在前进的路上不断获得进步。其实，很多人之所以获得成功，也恰恰是因为他们始终把自己当成成功者，并且真正做到像成功者那样要求自己。

需要注意的是，让自己真的像一个成功者，远远不止表面形象的打造，还包括言谈举止、内在涵养等。在强烈的心理暗示和心理作用下，我们渐渐会变得越来越像成功者，直到我们真的变成成功者。把这个心理作用运用到他人身上，我们也能成功改变他人。例如，聪明人想要改变他人时，从不会对他人颐指气使，而是非常真诚友善地表扬他人，尽管他们没有达到他的预期，他也会真心诚意地视为他人已经实现了他的预期，因而极尽表扬之能事。在这种情况下，他人必然为了符合他的夸赞，更加不遗余力地改变自己，使自己更加符合他的期望。这就是赞美的魔力所在。

朋友们，从现在开始再也不要把自己看成失败者了。只要你们像真正获得成功那样去说、去做、去想、去要求自己，你们早晚会为自己的进步神速感到惊讶不已。

不遗余力地努力追求做到更好

对于每一个职场人士而言，追求的道路是永无止境的。在工作上，我们的表现可以更加优秀，我们取得的成就可以更大，我们只有不断地更上层楼，不断超越和挑战自我，最终才能达到人生的巅峰。那么，人在职场，何时才能停下来休息呢？短暂的休息、调养生息当然随时都可以，这完全取决于我们自身的安排。但是，如果是彻底的休息，则永远不可能到来。现代职场竞争如此激烈，每个人都像逆水行舟，不进则退，哪怕是短暂休息，也要观察好时机，这样才能避免落后。如果你想在职场上出类拔萃，就千万不要自高自大、自以为是，更不要故步自封。

在这个世界上，没有绝对的完美，这一来告诉我们追求要适可而止，不要钻入完美的牛角尖，从另一个角度也提醒我们，凡事没有最好，只有更好。由此一来，我们进步的空间永远存在。我们如何才能做得比别人更好呢？这就要求我们在面对人生的每一道选择题时，都能理智思考，做出更加明智的选择。尤其是对于生活的态度，你可以选择百尺竿头、更进一步，也可以选择当一天和尚撞一天钟，得过且过。你选择哪种生活的态度，就决定了你的生活方式，也就决定了你一生的状态。

虽然任何事情都没有绝对的完美，我们却应该不遗余力地努力追求做到更好。我们不能因为完美不存在就彻底放弃努力，而要竭尽全力更接近完美，这样才能距离我们的梦想越来越近。在坚持不懈提升和完善自我的过程中，你会发现更多的机会，也能抓住更多的机会，这就是最大的收获。当我们羡慕成功者身上笼罩的光环时，我们更应该看到他们在背后付出的不懈努力。没有人能够一蹴而就获得成功，每个人的成功都建立在不断努力、奋斗进取之上。

大学毕业之后，丝丝和旭旭结伴来到一家五星级大酒店面试，都被选中了。然而，报道之后，丝丝才发现，旭旭被分到前台做接待工作，自己却被分到洗手间负责打扫卫生。对此，丝丝很难接受，因而找到主管大喊大叫地提出抗议："我和旭旭是同一个学校的，凭什么我不能去前台工作，而要去洗手间打扫卫生呢？况且，我可是大学毕业啊，我难道只配当个清洁工吗？"对于丝丝的抗议，主管不以为然："如果你不愿意打扫洗手间，我们也不会强迫你，你可以继续寻找适合自己的工作。"在当时，找一份合适的工作实在是太难了，有很多大学生都在待业，因而主管根本不愁找不到人顶替丝丝的工作。

思来想去，丝丝始终咽不下这口恶气，一直在和主管争论不休。这时，旭旭主动提出："这样吧，主管，你让丝丝留在前台，我去打扫洗手间。"就这样，旭旭帮助主管解决了难题，主管如释重负。作为一名大学生，旭旭当然也不愿意打扫洗手间，然而看着主管为难的样子，再看看丝丝不依不饶的，所以她决定委屈自己，给主管一个台阶下。就这样，旭旭每天都认真地打扫洗手间，很快，他们酒店就接二连三收到顾客的表扬信，说对酒店的洗手间最满意。渐渐地，丝丝的美名传到老总的耳朵里，老总也不由得对其另眼相看。主管更因为旭旭曾经帮他解围，对旭旭非常器重。

一年之后，酒店扩大经营规模，成立了客户部。在主管的推荐下，老总当即拍板让旭旭担任客服部经理。老总相信，既然丝丝能把卫生间都打扫出花儿来，她也一定能够认真细致地做好客服工作，让所有入住的宾客都感到满意。

短短一年的时间里，丝丝和旭旭的命运变得截然不同。旭旭成为公司的中层管理者，并且承担着关系到公司发展和前途的重要工作，丝丝呢，依然是个酒店前台，再次遇到旭旭时，她不得不问候旭旭："李总好！"毕业于同一所大学的两个同学，就这样在人生的道路上有了天壤之别。

朋友们，如果想在职场上出人头地，就要牢记"没有最好，只有更好"的训诫。人在职场，每个人都想得到轻松悠闲的工作，每个人都想要风光的岗位，然而好的工作岗位毕竟是有限的，当遇到别人不想从事某项工作时，我们不如主动请缨，这样既能够给上司解围，也能够在更加艰苦的岗位上表现出自己的超强能力，从而得到重用。当我们把别人做不好的事情都做好了，我们还有什么是做不好的呢?

第7章

你看起来很努力，可是劲儿没用到点子上

现代社会正处于飞速发展的时代，我们作为社会的一员，都发自内心地渴望成功，渴望拥有辉煌的人生。然而，命运总是捉弄人，很多人即便付出了努力，也依然与成功绝缘。这是为什么呢？因为他们只是看起来很努力，他们并没有将劲儿用到点子上，好钢用在刀刃上，好活忙在点子上，我们只有找到努力的方向和目标，才能事半功倍，否则只是自欺欺人，甚至还会事与愿违。如此一来，我们自然会与成功渐行渐远，甚至彻底与成功绝缘。

好钢用在刀刃上，好活忙在点子上

一个人如果忙在点子上，那么就会很容易看出效果，如果总是在忙，可总是忙不到点子上，那就会看起来很忙碌，可是却一点成效都看不见。每个人的时间和精力都是有限的，如果总是在处理那些可做可不做的事，就看不到你的成绩，“好钢用在刀刃上，好活忙在点子上”。

这就像做菜，如果你一直在忙那些洗菜切菜的活，就算你做得再好，菜也不是你做出来的，功劳也不归你。五星级大饭店的大厨师只做最挑剔客人点的几道重点菜，可却是饭店最不可缺少的人。功劳最大的人一定不是最忙碌的，而是那些平时看起来并不忙，可关键时候却能够出得上力的人。

我有个朋友在超市做推销工作，平时除了推销之外，还要负责清扫、配货、搬货等。我的朋友不擅长处理这些杂事，可他却很善于推销物品，就总是待在离门口最近的地方等待顾客；而他的同事很不情愿和客人打交道，只得做那些杂务。可到月底，因为提成，朋友总是拿到最多的薪金，同事心有抱怨，告诉老板他不做杂务，我的朋友也觉得不好意思，只得要求老板把底薪撤掉，只凭提成拿薪水。可就算这样，他的薪水仍然高于一般同事，不久他就做了他们的领班。

一个人有没有成就、有没有功劳，绝对不是根据他的忙碌程度来计算的。有人喜欢说“没有功劳也有苦劳”，如果这样说，那就是在堕落，在这个现实的社会，没有功劳就没有一切，不管你有多辛苦多忙，“劳而无功”是最大的失败。

怎样让自己忙到点子上呢？那就要看你所在的部门最重要的事情是做什么，或者每天都有哪些重要任务，不要在无关紧要的事情上多耽误时间。当然，一个刚刚进入公司的年轻人，大家可能不会把多重要的事交给你，在做好那些“白痴都能干好的事”之后，不要顺手扫地擦桌，如果你不是第一个月进公司的话。

不妨看看周围的人都在做些什么吧，向上司汇报一下你的工作，交流一下你的想法，看看你还能在哪些事情上帮上忙，或者想一想公司最近好像有什么动向、有什么决策，主动争取一些任务，等等。如果你在业务部门，那就明确多了，你的终极任务就是争取更多的订单，或者推销出更多的产品，把你的公司介绍给更多的人。

一个人是否忙到点子上，不是看他是否做好“分内的事”，而是看他在“分内的事”之外，还做了多少、做了什么。在岗位上没有人能够明确地告诉你，你要到底要做什么，别人只会告诉你，你把这件事做好，你把另一个方案忙一忙，至于做到什么程度，谁都不可能规定。很多时候，有些人忙，是因为别人都把他们分内的工作推到了他的头上，使他分身乏术，想要忙到点子上也不可能了。

年轻人肯定会遇到这样的事，同事拜托你的事可以拒绝，如果是领导让你做呢？那真的可能让你忙得焦头烂额，与其这样，不如工作只做一半。例如，上司让你把某个案例做一做，你只要拟定好大概计划或提纲，然后做出重点提醒别人这就足够了。具体的事你可以推脱分内的事情还没有做完，而把余下的环节留给上司，交给有时间的人去做，或者交给你目前正在带的新人。这样并不为难，既锻炼了自己的能力，又不会让自己消耗过多的精力在繁杂的事务上。

不仅仅是工作，家庭中的事务也一样，你不可能每天抽出时间大扫除，也不可能每天都有心情请客吃饭或者浪漫一番。做到点子上对于你说至关重要，打一个电话只需要花15分钟，可把这15分钟用到哪里效果是不一样的，用于和恋人情意绵绵，他只会觉得你敷衍——有时间不如约出来一起吃顿饭；用于和客户聊天，他会觉得你不尊重他——你应该工作时间上门拜访；用于和爸妈聊天，爸妈会感觉很幸福——孩子这么忙居然抽出时间打电话，爸妈会非常感动。

每天写几行文字，你会变得丰厚；每天做几分钟运动，你会变得更健康；每天多工作思考一小时，你会变得更成功。时间用在哪里，你的收获就在哪里，我们要学会把时间用在能够积累自己、容易收获、让自己变得更丰厚的地方。

按章做事：忙而不乱，有条不紊

忙而不乱，就需要章法，需要流程，我们为什么要按照流程做事？除了能够不让事情显得混乱以外，还能够让我们少出错，就算出了错，也能够让我们以最快的速度找出漏洞，并弥补好。这就是照章做事的好处，繁星动而不乱，百舸争流且不塞，皆因有章法、有顺序，才会忙而不乱、有条不紊。

年轻人做事常常做不到这一点，他们喜欢随心所欲地做事，想到什么地方做到什么地方，甚至是按照上司的吩咐做事，往往上司向他要这个案子，他才想起来“不好，昨天一忙就把这件事忘了，案子刚刚做了一半”。于是放下手头的事情，开始忙上司要的东西。等这件东西刚做完，好不容易喘口气吧，又来催命的了，于是总是把自己忙得焦头烂额，还整理不出一个头绪来。这样做事，既不容易出成绩，又容易给人造成随性、邋遢、能力不足、难成大事的印象，对你的职场生涯是极为不利的。

想要让自己表现得井井有条，做事明快果断、利落，不拖泥带水，就要养成按照流程办事的习惯。首先要学会制订计划，每个人每天都有忙不完的事情，而这些事情不可能在一天内全部完成，一份详细的计划，是让事情按照自己的意愿进行的前提。

做计划也要讲究方法，如老板交给你一项任务，你首先要弄清楚，这件事情最晚什么时候必须解决好，在之前的一两天就把整件事情办好交给上司。然后衡量这件事情，大概要进行多长时间，把每天的工作量都安排出来，按照事情的重要程度安排到最适合的日程表上，当然其中可能因为流程的原因而拖延的时间也要计算在内。例如，很多单位星期六是不办公的，如果忘了计算这一点，就很可能造成被动。

计算好整体的安排以后，还要对自己每天安排多少工作量、哪件事在前、哪件事在后，有一个基本的安排。对于年轻人来说，最大的浪费就是因为繁乱而造成的时间浪费。很多事情人们归结为“忙中出错”，其实都是因为没有按照流程做事，以至于导致漏洞，最后漏洞越来越大，造成不可避免的损失。

曾经看过一个银行存款失窃案，其原因不过就是银行的操作员在存款开户时，客户手续不全，缺单位的税务登记证和机构代码证，也没有单位负责人的授权委托书，但因为是银行行长的弟弟带来的，所以没有按照流程操作，违规开户，最终让不法之徒有机可乘，造成了客户1500万元的损失。

当然，其中还有很多细节问题，如客户资料没有妥善保管、违规对账等，导致了一个无法收拾的局面。一个国有大银行，居然在如此多的地方存在如此多的管理漏洞，仅仅因为“人情”二字，就给客户造成了如此大的损失，不能不说，令客户寒心。可因此一事，又会对银行的信誉造成怎样的影响，潜在中又失去了多少客户，这就是不好计算的了。

没有一个人会不犯错误，尤其当一个人凭感觉做事的时候。每一个企业的规章制度，每一个行业建立的流程，绝对都有它的合理性，是经过前人千锤百炼才总结出来的管理理论，是经过无数次的整合和实践才总结出来的行之有效的方法。

就拿简简单单的流水线作业来说吧，20世纪初，在福特汽车厂内，专业化分工非常细，仅一个生产单元的工序就多达7882种。福特通过反复实验，确定了一条装配线上所需的工人数目，以及每道工序之间的距离。这些全是通过最精确的数字计算和反复实践的结果，不要看不起这些，打乱一个小细节，整个流水线就会瘫痪。

做事情，如果随心所欲，在平时可能仅有点忙碌，手足无措。可一旦到了真正需要相互配合、严丝合缝地协调工作的时候，这种杂乱无章的状态就会带来很大的乱子。所以，忙也要有章有序，从现在开始，分析造成混乱的原因，通过科学的方法来调整混乱的状态，从而有效率地工作吧。

做事最怕有头无尾，没落到实处

很多年轻人整天都在忙忙碌碌，可就是看不到一点效果、一点成就。事情做到一半，或者仅仅有计划，而没有行动，没有落实，效果跟没做是一样的。做事最怕有头无尾，有决策而没有落到实处，没有人会在意你在工作的过程中付出多少辛苦，或者有了多大的进展，他们要看的是你的成绩。所有的老板都会告诉你“我不需要了解过程，我只看结果”。

所以，就算你有一千个计划、一万个正在进行的行动，也不如有一件落到实处的事。只有真正掌握在手里的才是财富，只有真正做完的事情才是功绩。对于个人来说，最艰难的时刻就是那些决定的时刻，因为人很容易逃避现实，明明知道这样做才是正确的，可就是下不了决心，对自己不够狠。

记得我曾经有一次检查出肿瘤，需要手术，明明知道选择立刻手术对于自己才是最好的，可是我却下不了决心，总觉得自己又没有什么感觉，说不定过段时间肿瘤自己就消失了呢？关于这样的自欺欺人，我相信每个人都有过。于是，我为自己找了一大堆理由，我现在工作正忙着呢，待一段时间再说吧；我可以找一找食疗方面的书，调节一下，说不定肿瘤自己会消失；我现在经济正紧张呢，要不等年终奖拿下来再说吧。总之，所有能用上的借口都来到这里折磨我。

就在决定到底做还是不做的这一个月中，我犹豫不决，左右摇摆，被自己的思虑折磨得憔悴不堪。最终还是家人帮我下了决心："一定要手术，肿瘤绝不会自己消失，而且越早越好，所有的一切你都不用担心。"此决定一出，我觉得这件事情终于尘埃落定了。至于怎样手术、怎样护理、工作怎么办、钱怎么筹集，我都一一想出了对策。

每件事情，你不可能在做之前就做好完全的准备，所以，你要担心的并不是"出了问题怎么办，而是你决定是否要做，你决定要怎样做"。出现问题、矛盾并不可怕，可怕的是你不去解决它，它就会一直成为你的心病。只要下了决心，做好了决定，就可以找出无数种方法来应对事情解决过程中出现的问题。

很多年轻人之所以一直忙碌而没有结果，就是因为他们不能下定决心要做这件事，他们总是在左右摇摆，总是在犹豫不决，于是很多事情就悬在那里了。一件事情总是在等待解决的办法，对于事情的进展没有任何好处，而且还会不断重复消耗你的精力，因为你每考虑一次这件事，就要把所有方方面面的事情都考虑一遍。逃避不能解决任何问题，唯一能解决问题的方法就是下定决心，一定要去做，至于怎样做，则是"车到山前必有路"的问题了。

还有一部分年轻人之所以忙而无果，是因为他们总是在决定之后没有落实，或者事情做到一半就不再坚持了，结果导致很多事情都是做了一半再无下文。或者同时推进几个项目，但因为精力有限，导致事情后继无力，最终只得不了了之。这样的事情可能每个人都干过，如果接着这样做下去，你会发现每天都在忙碌，可是事情却没有一点眉目。

想要忙有所得、忙有所获，就必须摆脱总在进度当中的状态，要让每一天都有收获，每一件事情都有一个限制期限。做好了决定，就一定要立刻行动起来，不拖沓，更不要半途而废，直到这件事情有一个最终结果。当然，事情并不一定是耽误在自己手里，很可能别人也会拖沓，也会不把事情落到实处，这就要有坚持的精神，看不到成果就要一直追查、追问，紧盯不放，直到有结果为止。

做一千件半途而废的事，也不如做一件完完整整的事情，做事的过程中不要找任何借口来推脱，成功者只找途径，失败者才会找借口。如果能够做到这一点，就是一个好的执行者，一般的年轻人在公司都处在执行者的位置，执行力是唯一能够自傲、能够表现自己的地方，如果连执行也做不好，何况是决策呢？

面对上司交代下来的事情，成熟的年轻人只会说两句话“好，我马上去做”“是，我一定尽力做好”，而不要有考虑、推诿的借口和理由，这样才能做到忙而有果，有成就、有收获。

适可而止，会休息才会成长

只会向前猛冲，而不懂得减速缓行的人，在人生的某个弯道处，一定会冲出跑道，损失更多。生命只有两种状态：运动和停止。处于生活压力下的年轻人每日都在拼命地劳作，虽然双休日能够在家小睡个懒觉，但恐怕心也不会那么淡然。

用持之以恒的精神拼搏、奋斗是年轻人必须具备的一种品质，但并不意味着要一刻不停地奔波与忙碌。适可而止，会休息才会成长。停止是一种总结，是对过往的一种评价和分析。只懂得埋头向前，一味向目标奔波，也许你已经走在丢了西瓜捡芝麻的道路上。

懂得减速和停止，是人生的一种境界。一味地追求高速度和高效益，也许并不能达到预期的目标，反而会适得其反，用了多大的冲劲，就能招致多大的损伤。这是必然的，或许就是因为有了喘息的机会，才有足够的体力进行下一步的飞跃。有过登山经历的人也许会有一样的体会，那就是：山很高，需要分好多步才能登顶，最关键就是在中途，一旦停不下来休息，那么就必然会在最接近终点的时候落下。

当走入滑雪场开始滑雪时，最大的体会就是感受速度带来的刺激，但紧接着的一个问题就是如何更安稳地停止滑行。刚开始学滑雪的时候没有请教练，看着别人滑雪，觉得很容易，不就是从山顶滑到山下吗？于是你穿上滑雪板，哧溜一下就滑下去了，结果你从山顶滑到山下，实际上是滚到山下，摔了很多个跟斗。你发现根本就不知道怎么停止、怎么保持平衡。最后你反复练习怎么在雪地上、斜坡上停下来。练了一个星期，你终于学会在任何坡上停止、滑行、再停止。这个时候你就发现自己会滑雪了，就敢从山顶高速地往山坡下冲。因为你知道只要你想停，一转身就能停下来。只要你能停下来，你就不会撞上树、撞上石头、撞上人，你就不会被撞死。因此，只有知道如何停止的人，才知道如何高速前进。

停止，并不意味着停滞不前，没有了目标与方向。这仅仅是你短暂的休息调整。学会停止不是意味着永远止步，而是积攒后劲以便更好地前进。学会停止也是一门艺术，你要不时回头看一眼，知道什么还是你需要继续学习的。

生活犹如爬山，你的周围是群山峰峦，有上坡就有下坡，上坡容易下坡难，这是众所周知的道理。为什么上坡大家都会一鼓作气地向前冲，或许中间不需要停下，但下坡就不是，如果你不懂得如何停止，那么你很可能摔得头破血流。

即使是平地亦是如此。平地的时候你就更需要停止，正因为你看不清楚前面的方向，你就更需要适时地停下，或休息调整或稳定前行，这是必备的。

在一段时间适时总结，你可以储备有用的信息，不至于在忙忙碌碌中让工作和生活没有重点，晕头转向。在总结中，你会看到自己工作和学习中的得失，评价方法选择和运用得是否合理，发现最值得以后做事用以借鉴的东西。在总结中可以培养与锻炼自己的思维方法、分析能力、辩证观点，实际上这是自我提高的好方法。正如哲人所说，总结一次，认识提高一次。

懂得停止，是为了让自己跳出庐山，从更高的层次和视野看待自己、看待事情。人一味向前，就看不到脚下的陷阱，即使自己迷失在歧路上，也总感觉只要奔忙，很快就能到达目的地。殊不知，南辕北辙这样愚蠢的事也许你也在做着。

停止是一种明智的取舍，看似放松前行的脚步，停止奔忙的步伐，甚至会让自己经历另一个停止——起步。但你要记住，没有舍弃，就没有获得，不愿停下来审视自己的人，永远也不能发现自己的缺点，实现自己的质变。

不管是工作还是学习，适时调整自己是必需的，努力一阵子，短时间的工作，现在的社会已经是短时间效益的集合体。社会各种庞杂信息量的扑面而来，为我们提供了无穷尽的各种资源，创造了前所未有的各种机会，似乎没有足够的时间和精力去做每一件事情。这个时候我们就需要调整，需要适时地停下，这是我们所必须具备的素质和要做的准备。

在人生的路途上，懂得停止，从更高的境界理解：学会停止也就是知道在该放下的时候放下，该拿起的时候重新拿起，暂时停下手里的工作，用心去聆听这个世界。换一种触觉，同时意味着你获得了另一种灵感与机缘。一阵子的忙碌与调整，机会很多，要改变的思路相应地也有很多，那么停下来，以一种旁观者的角色去重新定位，重新武装，则不失为大将之风范。

无论如何，别在成功道路上走偏了

众所周知，我们的人生必须努力，才能有所收获。假如我们一直没有努力过，更不曾为了梦想而拼搏，我们的人生一定苍白无力，也白白浪费了宝贵的时间。值得注意的是，现代社会人们的拼搏精神都很强，尤其是对于很多父母而言，为了不让孩子输在起跑线上，更是从孩子还在娘胎里就想方设法地给孩子更高的起点，也帮助孩子赢得人生的先机。最终，孩子非但没有成才，反而因为不堪重负导致无法正常发展，这样的结果让人唏嘘。我们从小就学过揠苗助长的故事，说的是一个农民为了帮助禾苗快些成长，把每一棵禾苗都拔高了，最终导致禾苗全都枯死的故事。再想想现在这些父母帮助孩子超前成长，又与揠苗助长有何区别呢！记得曾经看过一档少儿类选秀节目，一个五六岁的小女孩和妈妈一起表演舞蹈，跳得比妈妈更好，后来姥姥出场，面对嘉宾的赞赏，姥姥毫不掩饰地说了这个小女孩的成长经历，小小年纪的她居然在上幼儿园之余每个星期都要上十几节课外班，连周末都没有片刻放松。后来嘉宾也真诚地提醒妈妈和姥姥："每个孩子都有其成长的自然规律，不要为了孩子的成才，就剥夺他这个年龄段应该享受的无忧无虑的童年。"嘉宾的话尽管让妈妈和姥姥略显尴尬，但是却道出了真理。妈妈和姥姥望女成凤，努力值得肯定，但是方式却不能被推崇。想想几十年前的孩子拥有的童年吧，再看看现在的孩子，也许会感到莫名的心疼和悲哀。

除了对待孩子之外，因为渴望成功，很多成年人在成功的道路上也不知不觉地走偏了。他们为了成功不择手段，甚至不惜伤害身边的同事、朋友。不得不说，这样的行为是为人所不齿的，既不应该被肯定，也不应该被提倡。当然，还有些人虽然利欲熏心，但是还保持着做人的原则和底线。所以他们并没有伤害他人，但是却违背了自己的初心，最终导致偏离人生的轨道，也使人生充满了遗憾。

大学毕业之后，学习法律专业的张鹏一时之间找不到合适的工作，又不愿意去律师事务所当一个小小的助理，因而就放弃大城市的生活，选择回到家乡的小县城，想在父母的安排下考取公务员。为了让张鹏能够考上公务员，父母四处托关系塞钱，想尽一切办法，张鹏自己也努力复习，争取考出好成绩。全家人都费尽了九牛二虎之力，张鹏终于如愿以偿地考取了公务员，从此人生成为定局，日子暂时来看也算一帆风顺。

10年之后的大学同学聚会上，张鹏俨然人到中年，也已经成家了，肚子微微凸起，头发也有些谢顶，一看就是一个小小的领导者，过着衣食无忧的生活。原本感到自我满足的他，在看到意气风发的同学们时，不由得自惭形秽。原来，毕业10年，他的那些同学已经完成最初的积累阶段，不管是从财力还是从经验上，都渐入佳境。他们现在或者是律所的首席律师，或者已经成为律所的合伙人，成为真正意义上的老板，或者正在准备出国。总而言之，个个都精神抖擞、神采飞扬，和张鹏按部就班、死气沉沉的状态截然不同。面对同学们客套地羡慕张鹏稳定的生活，张鹏惭愧地说："当时的确费了九牛二虎之力才考上公务员，但是现在却被你们甩下十万八千里啦！"的确，大多数同学的人生绚丽画卷刚刚展开，张鹏一劳永逸之后却如同进入暮年，人生再无任何新鲜可言。

在这个事例中，张鹏考入公务员的确也费了很大的力气，但是他的一劳永逸最终扼杀了他对人生的激情和创造力，最终使他在人生的按部就班中老态龙钟，和同学们的意气风发截然不同。人生，是一场修行，付出得多，感悟得也就更加深刻。否则，倘若一味地选择保守，使人们变得如同囚笼中的困兽一样，人生也就会渐渐老去，失去旺盛的生命力。

我们不能否定张鹏的努力，毕竟每个人的追求都不相同，每种人生对于成功的定义也完全不同，然而我们更加推崇张鹏的同学们获得的人生。也许毕业10年他们依然漂着，居无定所，但是他们的手中紧紧握着命运，也因而成为命运的主宰，可以做到四海为家，心安即是归处。朋友们，你想要拥有怎样的人生？从现在开始，就确定人生目标，然后向着目标不懈努力吧！

第8章

认清自己想要什么，瞎忙是在浪费生命

我们可以发现，那些大凡做出巨大成就的人，他们都必然知道自己想成就的是什么，他们绝不像太平洋中没有指南针的船只一样，随风飘荡。的确，成就梦想、订下目标是第一步，然后思考：如何达成自己的目标。这个道理似乎听起来好像老生常谈，但是，令人惊讶的是，许多人都没有认清，为自己制订目标以及执行计划，是唯一能超越别人的可行途径。

清楚自己想要什么，有所思，才能有所为

成熟的忙碌状态，应该是一边忙碌一边思考，不应该像无头苍蝇那样，到处乱飞乱撞。古人讲究“学而有思，思而有创”，其实无论做什么事，一边忙碌一边思考，或者用思考指导行动，才是正确的方式。做事不能机械，选择人生更不能盲目乱撞，一定要清楚自己想要的到底是什么才能够做得好，有所思，才能有所为。

年轻人要善于思考，才能在思考中找到方向、得到长进，总结出经验，那些未经过思考就作出的决定一定是最不理智的。不要整天忙于庸庸碌碌的事情，一定要抽出一段时间思考，决定前要思考怎样做对自己才最有利；决定后要思考怎样落实才能最快、最有创意；落实的过程中还要不断思考怎样才可以省心、省力、省时间。总之，思考应该成为年轻人的常态。

“忙”是实践，“思”是指导，人们常说“多经一事，多长一智”。忙的时候，也是智力增长的好时机，但如果仅仅是做事、忙碌，而不屑于思考，恐怕也难有大的长进。我们要重视实践，也要注重对实践过程和结果的反思，如果能够一边实践一边

反思，就能够更多地掌握规律、积累经验。

在人生的事业转折途中尤其如此，当不知道自己到底想要的是什么的时候，常常做无用功。有一个或者多个最明确的目标，可以让我们的前进方向更明朗，让我们做事更加义无反顾，走更少的弯路。

现在开始就想一想什么是你想要的成功，什么是你想要的人生。金钱、地位、名声？这些都是工具，是载体，你到底需要什么？美国社会心理学家马斯洛曾经提出“需求层次论”，把人生的需求按照重要性和层次性排成一定的次序，分别为生理需求、安全需求、社会需求、尊重需求和自我实现需求。没有必要详细解释它们是什么意思，你只要在这五类当中选出你希望的理想状态就可以了。

例如，你希望自己处于一个怎样的生存状态。只要满足最基本的物质需求就可以了，还是希望得到更高的享受？很多成功人士对于生存的需求可以说是很简单甚至朴素的。没有人可以在这五个方面得到完全的满足。比如孟子所说的“舍生而取义”就是满足自己的被尊重需求，而舍弃了生存。明白自己想要什么，你就会对自己想要怎样的生活有一个大致的概念。

例如，我想要成功，不计一切手段，那就是说你必须舍弃一些享受——起码在事业刚刚开始的时候——比如度假，比如想要享受更多美食，等等。例如，我想要趁着年轻享受生活，享受一切美好的东西，可能就意味着你暂时要舍弃很多东西，如拥有大笔财富的安全感、有工作的喜悦感等。

懂得自己想要什么，懂得自己必须因此而舍弃什么对于年轻人来说非常重要。因为这是你忙碌的目的，是你最终要到的地方。如果你从没想过到哪里去，你就不会知道哪条路是对的，你也就无所谓达到目标，最终也就没有成就感。

从现在开始，你就必须在闲暇的时间想一想，自己真正想要的到底是什么，当然不同的人生阶段有不同的需求。弄清楚自己目前阶段最需要的，可以帮我们更有目的、更明确地做事。我们必须想清楚，成功对于我们意味着什么。是数不清的财富？是我们心灵能够靠自己的能力完成一件事情的满足感？是人们羡慕、信任的目光？是一个幸福的小家，我们能够对这个小家负责，提供小家中每个人需要的幸福感？

把自己的需要具体化、视觉化，才能让你在前进的过程中不被迷惑、不走弯路。我们还要在做事的时候想清楚，怎样做我们才能获得更多的技巧，运用怎样的技巧可以把想做的事变得更加简单明晰？在思考和实践的过程中不断增加智慧，然后用智慧去指导自己的行为，这才是一个忙碌的正常状态。

一个成熟的人，应该在忙碌之前想清楚自己为什么而忙碌，在忙碌的过程中想清楚怎样才能让自己变得不那么忙碌，做到忙中有闲、忙而有成。忙碌中的思考，最有利于提高我们的谋划，驾驭，应变能力，年轻人应该做到忙而有思，不能碌碌无为。

在自己最熟悉的领域内，做熟悉的事

一个人可以忙碌的事情很多，如果你想的话，每件事都要自己动手，那就永远没有空暇时间。忙碌也要有选择，在你最熟悉的领域，做你最拿手、最熟悉的事，可以让你事半功倍，总是有很强的成就感。

而如果一个人总是感觉到自己不够完美，而忙于弥补自身的缺憾，做自己不熟悉、不擅长的事，那他就会有一种特别挫败的感觉。这种挫败感会让他对生活甚至对自己丧失信心，陷入晦暗的境地。

有一位女强人小A，结婚后为自己不能够做很好吃的饭而耿耿于怀。其实，她是一个很优秀的女人，她很聪明，也很勤奋，有创意，为人也温柔大方，无论对于生活还是工作都有自己的一套，有她独特的品位和情怀，她的小家也很温馨。但是她却不能原谅自己提供不了丈夫的三餐，无奈只得去参加“主妇培训班”，可能因为她真的是没有天分，把耐心很好的老师也惹得频频发火。她觉得自己作为一个女人不会做饭，真的是“失败的女人”，最终还是她的丈夫帮她走出了这种挫败的境地。她的丈夫告诉她：“你已经很好了，我要的是妻子，不是厨师。”

是啊，对于那些不熟悉、不擅长的事，你要勇敢地说一声“公司需要的不是……”，公司之所以聘请一个人，看重的是他擅长做的事、熟悉做的事，是一个人能够用自己熟悉做的事给他们创造的效益，而绝不是他的完美。这个世界上没有完美的人，每个人总有一些盲点和遗憾，每个人总有一些做不好，甚至是欣赏不了的事。

有时候，待在自己的位置，做自己熟悉的事，不要制造混乱，就是在帮别人的忙，尤其当这个人在某些方面特别有天分，在其他方面却一窍不通，甚至是“混乱制造者”的时候。

当年杨振宁在美国学习的时候，开始就在实验室，但因为他的动手能力实在太差，做实验时经常发生爆炸，当时实验室流传着这样一句笑话，“哪里有爆炸，哪里就有杨振宁”。最后，在泰勒博士的建议下，杨振宁放弃了写实验论文，把主攻方向转到理论物理研究，最终获得了“诺贝尔物理奖”。

没有一个人是完人，一个人只有在他熟悉的领域做熟悉的事，他的特长才能得到发挥，别人做三天能做好的，他一天就能做好，他的人生才能实现最大的价值。如果一直做自己不熟悉的事、没有天分的事，别人一小时能做好的，你一天才能想明白，那肯定就会落在后面。陌生对于每个人都意味着“风险”，害怕这种风险是一回事，不要冒这种风险是另外一回事。

隔行如隔山，只有对某个行业熟悉到一定程度，你才会发现其中的机会，每个领域都有人成功，但绝不会在短期内就获得巨大的成功。做自己最熟悉的事，就是把自己选择的成功之路变窄，从窄窄的门里走进去，你才能走得更远、走得更深入。

很多年轻人喜欢在多方面发展，如果你在某个领域熟悉透了、成功了，可能对他边缘的领域也有一点心得，这就是所谓的“触类旁通”，每个行业到了顶尖，道理都是相通的。可是如果一开始就想在两个毫无关联的领域并驾齐驱发展，恐怕你很快就会尝到失败的滋味。实际上，那些最成功的人，他们真正负责的事情是很少的，都是自己最熟悉、最精专的事。

万通集团董事局主席冯仑说，自己就干三件事：看别人看不见的地方，算别人算不清的账，管别人不管的事。看似高深，实则朴实，是一种复杂化以后的简单，是一种难得的境界。如果我们能够做到这种境界，就不会一直焦头烂额、毫无所得了。

选择自己最熟悉的领域，做自己最擅长的事，你会快速地成功。最短的路就是最熟悉的路，最快的做事方法就是自己已经熟练的方法。选择做最熟练的事，不为难自己，才是成熟的人应有的境界。

制订目标，做事才有头绪

在我们的工作和生活中，忙大概是现代人的通病，我们总是匆匆忙忙，从未停下脚步来歇歇，然而，我们真的忙出成果了吗？相信大部分的回答是否定的。既然如此，我们的忙就是无效的，也就是我们常说的“瞎忙”。之所以如此，是因为我们做事毫无头绪、没有目标，为此，效率专家建议那些做事效率低下的人，在时间管理中，一定要目标明确，按照目标做事，才更有目的性。

那么，该怎样制订目标呢？我们先来看下面的故事：

在唐朝贞观年间有个和尚，要到西天去取经。他需要一匹马。长安城有一匹马，平时在大街上驮东西，结果选中了，选中之后，就准备去西域去取经。这匹马有个很好的朋友，是头驴子。平时驴子都在磨坊里面磨麦子。这匹马临走之前就跟它的好朋友道别。道别完之后就走了。一走走了17年。17年之后这匹马就驮着满满的佛经回到了长安城。它受到了英雄般的欢迎。这匹马也一举成名。这匹马回到它当年的好朋友驴子的磨坊里面。发现驴子还在。它们就一起诉说17年的分别之情。这匹马就跟这头驴子讲它这17年的所见所闻。见了非常浩瀚的沙漠、一望无边的大海。去到一条河，木头浮不起来的叫黑水河、去到一个地方只有女人、没有男人的国叫女儿国。去个鸡蛋放到石头里能够煮得熟的地方叫火焰山。

讲了很多很多。这头驴子听完流着口水说：“你的经历可真丰富呀！我连想都不敢想！”这匹马就接着讲：“我走的这17年你是不是还在磨麦子呀？”这头驴子说：“是呀！”这匹马就问它：“那你每天磨多少个小时呀？”这头驴子说8个小时。马说：“我和唐大师当年平均每天也走8个小时，这17年我走的路程和你走的路程是差不多的。可是关键在于当年我们朝着一个非常遥远的目标，这个目标有多遥远，我们根本看不到边，可是我们方向明确，始终朝着目标迈进，最后终于修成正果。”

我们在笑话驴子的同时，是否也应该反省一下自己呢？实际上，很多人就过着如同故事中的驴子般的生活，每天工作8小时，每天都重复着同样的工作，每天的工作都是在原地转圈圈，毫无建设性的进展。就这样安于现状，10年、20年之后，当周围的人已经步入成功的殿堂之后，他还在原地打转。而有些人，没有甘于围着磨盘打转，他们有梦想、有目标，并且认准目标就一直向前走，即使因为种种原因走了弯路，但是大方向是不变的，因为梦想在前方，在牵引着他们，他们知道，那才是他们的终点。

美国一位心理学家曾经指出：“如果一个铅球运动员在比赛的时候没有目标，那么，他的成绩一定不会很好。如果他心中有一个奋斗目标，铅球就会朝着那个目标飞行，而且投掷的距离就会更远。”这个比喻非常形象，它具体地说明了我们做事目标的重要性。当我们有了一个追求的目标时，才会有不懈的努力，向着心中既定的目标前进。

人生也不能没有目标，如果没有目标，就会像一只黑夜中找不到灯塔的航船，在茫茫大海中迷失了方向，只能随波逐流，到达不了岸边，甚至会触礁而毁。我们强调的做事要立即行动、绝不拖延，但这并不意味着我们可以盲目做事。事实上，如果在无目标的情况下做事，会拖延更多的时间，因为我们需要花时间重新审视自己的行为和方法。

在做任何一件事前，我们都必须做好计划，计划是为实现目标而需要采取的方法、策略，只有目标，没有计划，往往会顾此失彼，或多费精力和时间。我们只有树立明确的目标，制订出详尽的计划，才能投入实际的行动，才能收获成就感和满足感。

那么，具体来说，我们该怎么做呢？

1. 制订完善的计划和标准

要想把事情做到最好，你心中必须有一个很高的标准，不能是一般的标准。在决定事情之前，要进行周密的调查论证，广泛征求意见，尽量把可能发生的情况考虑进去，以尽可能避免出现1%的漏洞，直至达到预期效果。

2. 制订计划时不要超过你的实际能力范围，而且内容一定要详尽

比方说，如果你想学好英语，你可以制订一个详尽的学习计

划，如在每周一、三、五的星期五下午5点半开始，学习半个小时的英语口语，而在周二和周四的晚上8点，学习半个小时的语法，这样和其他功课的学习也不会产生时间上的冲突，坚持下去，你一定能实现你的学习目标。

3. 做事要有条理、有秩序，不可急躁

急躁是很多人的通病，但任何一件事，从计划到实现的阶段总有一段所谓时机的存在，也就是需要一些时间让它自然成熟的意思。假如过于急躁而不甘等待，经常会遭到破坏性的阻碍。因此，无论如何，我们都要有耐心，压抑那股焦急不安的情绪，才不愧是真正的智者。

4. 立即行动，勤奋才能产生行动

我们都知道勤奋和效率的关系。在相同条件下，当一个人勤奋努力工作时，他所产生的效率肯定会大于他懒散工作状态。高效率的工作者都懂得这个道理，所以，他们能够实现别人几辈子才能够达到的目标。

总之，在我们做事的过程中，若想提高效率，就必须要让心更有方向。也就是说，在下定破釜沉舟的决心前，我们要有缜密的思维和计划。

思路清晰，就能找到出路

人们都说苦难使人早熟，而现在的年轻人都是90后，90后是从小在蜜罐里长大的。一个总是在幸福呵护中长大的年轻人，迷茫、缺乏方向感，不懂得怎样实现自己的价值是必然的。这是一个集体迷茫的时代，一方面是个人的原因，另一方面也有社会的因素，社会正处在一个转型期，各种价值观念发生碰撞，就连四五十岁的成年人都有一种迷茫感，更何况是年轻人呢？

不过迷茫、找不到出路并不可怕，只要你有着自己的信念，有着明确的思路，那迟早会找到自己人生的出路。可以说，年轻人现在是比较清醒的，对自己的前途也有着自己的期待和规划，尽管这种规划还处在相当模糊的阶段。

有人说90后是“失梦的一代”，失去梦想，满眼现实。有梦想是好事，但重视现实又有什么不对呢？为自己的将来规划一个可期的、现实的、明确的目标，不是比梦想更重要的一件事吗？为自己的将来寻找一条出路，不是每个人必须有的意识吗？从现在开始，年轻人就可以思考自己将怎样成功，这并不可耻，只有个人有明确的思路，个人成功，集体才能壮大，才有将来。

30岁之前，你一定要弄清楚自己可以做什么，很多年轻人之所以一事无成，是因为他们有着太多的选择，有着太多的目标，太贪心，反而一无所成。想做什么是一回事，能做什么是另一回事。一个人能做的事情，能在哪个领域获得成功，其实是非常有限的。看看你的父母是做什么的，看看你受过的教育是哪方面的，看看你的兴趣、你的天赋在哪儿，看看你的机缘在哪里，这一切就是你可能做的事情、可能的出路。

比尔·盖茨从小时就对电脑软件感兴趣，他大学就读于哈佛的计算机专业，最终他的出路就在计算机领域；毛泽东的父母都是农民，但他遇到了陈独秀，所以走上了革命的道路；李嘉诚从成年开始就处在受雇和雇用别人的环境中，所以他成为一个商人；杨振宁的父亲就是科学家，另外很多学者、科学家的家族就是知识分子家庭，从小耳濡目染，自然选择了知识领域。

你在一个怎样的家庭中成长？你最熟悉哪个领域？你在学校受到了怎样的专业教育？你的天赋在哪里？你工作后遇到了哪些贵人？从这些因素中就能够找到你最终的出路，找到你最适合在哪个领域工作。只有最幼稚的人才会说“给我一个杠杆，我可以撬动地球”，成熟的人懂得用最短的时间弄清楚自己可以做哪些事，最擅长做哪些事，然后从这方面寻找契机，进行努力。

找到了自己适合哪条路，就在这条路上走下去，在不同的行业、完全不交叉的职业中转来转去、跳来跳去，是对人生最大的浪费。在你选定的领域中坚持下去，你最终就能走到事业的顶点。

现在就想一想，你事业的顶点在哪里？你可能达到吗？对于你来说你人生的顶点在那里你满意吗？如果答案是否定的，你还需要对自己的职业再考量，或者寻找比较熟悉的交叉领域作为人生的顶点。

阿西莫夫是一位科普作家，也是一位自然科学家。他的成功就得益于对自己的再认识，想清楚了自己可能达到的最高点。一天上午，当他坐在打字机前打字的时候，突然意识到："我不能成为第一流的科学家，却能够成为第一流的科普作家。"于是，他几乎把全部精力都放在科普创作上，终于使自己成为当代世界最著名的科普作家。再如海岩曾经是个警察，也是个商人，然而令他最出名的却是他社会实践的结晶——他的文学作品。为自己的职业想一个可能的拓展前景，会对你的人生有更大的帮助。

一个人，只有对自己的人生有明确的规划，才能够成就更大的事业，那些今天想这样做、明天想那样做的人，他们的思想都是非常幼稚和混乱的。清楚自己可以做什么，清楚自己人生可以达到的高度，才是一个人成熟的表现。如果鲁迅没有写文章，我们就少了一个伟大的文学家；如果达尔文没有进入生物界，进化论就要晚上几十几百年；如果爱因斯坦致力于做一个小职员，那世界物理要落后几百年。

清晰的人生思路，比现实的出路还要重要，清楚自己能够做什么、正在做什么、将要怎样实现人生价值，一个人才能变得更加成熟。

只要有进取心，人生就充满无限可能

生于社会中的人，都有着自己的梦想，都幻想着自己成功的无数可能，然而，面对手头卑微的工作，他们总是抱怨自己生不逢时，自己没有高学历、没有资本，没有贵人相助……殊不知，成功人士何尝不是从基层做起的呢？现在的强者，何尝不是曾经的弱者？

起点低并不重要，重要的是你有没有进取心，如果你毫无野心、做一天和尚撞一天钟，那么，你永远只会庸庸碌碌、毫无成就。的确，进取心是人类聪明的源泉，它是威力最强大的引擎，是决定我们成就的标杆，是生命的活力之源。美国迪斯尼乐园的创始人沃尔特·迪斯尼说：做人如果不继续成长，就会开始走向死亡。齐白石到93岁才画了600幅画，歌德到80岁的时候才写出世界名著。的确，进取是没有止境的，任何人都不能满足于现状，而需要不断地开拓新的领域。

所以，想法决定活法，即便你起点低，但人生总是充满无限的可能，而且几乎所有的成功人士，刚开始所从事的工作都是卑微的，甚至是烦琐的、无聊的，但他们却不忘积聚自己的实力，在长久的努力中厚积薄发，实现梦想。

20世纪30年代，在英国一个不出名的小镇里，有一个叫玛格丽特的小姑娘，自小就受到严格的家庭教育。父亲经常向她灌输这样的观点：无论做什么事情都要力争一流，永远做在别人前头，而不能落后于人。“即使是坐公共汽车，你也要永远坐在前排。”

正是因为从小就受到父亲的“残酷”教育，玛格丽特才培养了积极向上的决心和信心。在以后的学习、生活或工作中，她时时牢记父亲的教导，总是抱着一往无前的精神和必胜的信念，尽自己最大努力克服一切困难，做好每一件事情，事事必争一流，以自己的行动实践着“永远坐在前排”。

玛格丽特上大学时，学校要求学5年的拉丁文课程。她凭着自己顽强的毅力和拼搏精神，硬是在一年内全部学完了。令人难以置信的是，她的考试成绩竟然名列前茅。

其实，玛格丽特不光是学业出类拔萃，她在体育、音乐、演讲及学校的其他活动方面也都一直走在前列，是学生中凤毛麟角的佼佼者之一。当年她所在学校的校长评价她说：“她无疑是我们建校以来最优秀的学生，她总是雄心勃勃，每件事情都做得很出色。”

正因为如此，40多年以后，英国乃至整个欧洲政坛上才出现了一颗耀眼的明星，她就是连续4年当选保守党领袖，并于1979年成为英国第一位女首相、雄踞政坛长达11年之久、被世界政坛誉为“铁娘子”的玛格丽特·撒切尔夫人。

从这个故事中，我们可以发现，一个人的行动是受理想支配的，一个人只要积极向上、朝着自己的梦想和目标奋进，即便当下做着再卑微的工作，他也始终会有成功的一天。为此，生活中的人们，你们也要大胆地编织自己的梦想，自己的理想超前一些，你的行动就会领先一步， 你才能找到学习的动力。心存梦想、力争上游的人，他的每一天都是积极的，长此以往，必定有不凡的成就。

拿破仑·希尔也曾说，进取心是一种极为难得的美德，它能驱使一个人在不被吩咐应该去做什么事之前，就能主动地去做应该做的事。个人进取心是一种激励我们前进的、最有趣而又最神秘的力量，它存在于每个人的生命中，就像自我保护的本能一样。正是进取心这种永不停息的自我推动力，激励着人们向自己的目标前进。这种内在的推动力从不允许人们“休息”，它总是激励我们为了更好的明天而奋斗。

所以，进取心塑造了一个人的灵魂。每个人所能达到的人生高度，无不始于一种内心的状态。任何一个人，无论你现在做什么工作、起点有多低，都要力求更好，时时努力超越自己。希望和欲念是生命不竭的原因所在。记住无论在什么境况中，你都必须有继续向前行的信心和勇气，生命的生动在于永远不要放弃。

第9章

培养辨识机会的能力，练就把握机遇的本领

世界首富比尔·盖茨曾说过：“卖汉堡包并不会有损于你的尊严。你的祖父母对卖汉堡包有着不同的理解，他们称之为‘机遇’。”也有人曾经总结：“成功的人生，一言以蔽之：蓄势待发。”这句话应该成为每个正在成功路上奋斗的人的人生格言。因为成功的秘密在于，当机遇来临的时候，你已经做好了把握住它的准备。当然，对于现在的你，应该培养辨识机遇的能力，并时刻准备着，这样，你才更易得到机遇的垂青。

只要善于发现，机会就在我们身边

说到机会，会做生意的人，除了精通取势用势外，还要特别善于发现机会，要能够很好地把握和利用机会，要学会把机会变成实实在在的银子财富。的确，那些所谓的成功者之所以获得成功，并不是因为机会青睐于他们，而是他们善于去发现机会，进而抓住机会。而且，机会只有对于那些善于发现机会并且能很好地利用机会的人，才能成为机会，才能为己所用。培根说："善于识别与把握时机是极为重要的。"在现实生活中，机会永远青睐于有准备、有把握的人。只要善于发现机会，其实，机会就在我们身边。

年轻时的李嘉诚曾在茶楼当伙计，后来辞职后加盟了一家五金厂，主要负责业务推销。由于业绩屡屡提高，赢得老板的青睐。但是，当老板提出为他升职加薪时，他却谢绝了，并提出辞职。

在这之前，李嘉诚已经通过对市场的接触，了解到塑料业开始兴起，而五金业开始走下坡路。而且市场兴起的塑料制品容易成型、重量轻、颜色多样、美观使用，将会代替很多木制品和金属制品，他瞅准了机会，打算去一家塑料公司发展。而李嘉诚在走之前，向老板提出建议转行或调整产品的种类，以适应新的市场。结果，这位老板真的接受了李嘉诚的建议，及时转为生产系列锁，最终幸免于强大的市场冲击。

1950年，李嘉诚创办长江塑胶厂，主要生产玩具和家庭用品。果然如他预想的那样，创业初期就告捷。1957年，李嘉诚注意到第二次世界大战经济复苏，而香港转口贸易进入一个黄金时代，随着人们生活水平的提高，消费水准也大大增高，而塑胶花开始逐步进入市场。于是，在这一年，李嘉诚的长江塑胶厂不再生产玩具和家庭用品，改为生产供家庭装饰用的塑胶花。一时之间，在中国香港兴起了一片塑胶花热。

在现实生活中，许多人抱着“天上掉馅饼”的态度，坐等机会的到来，没想到，那些机会眼看就从手中偷偷溜走了。机会是需要发现的，而不是坐享其成，在我们身边，可能潜藏着无数的机会，你是否能成功，就在于你是否能发现，是否具有一双慧眼。一个人如果不善于发现隐藏在身边的机会，那么，上帝给你再多的机会，也是枉然。

发现了机会，而不选择把握机会，那么，最终的结果肯定是惨败。或许，一个人的成功是多方面的，但是，是否能发现机会，抓住机会，将机会为己所用，这对我们能否成功有着必然的联系。

胡雪岩说：“做生意要有机会，更要靠过硬的本事。”他善于将发现的机会，经营成一个实实在在的财源。

王有龄捐官回来后，得到了海运局坐办的官缺，就在上任时却遇到了漕米的麻烦，于是，他请胡雪岩帮助自己渡过难关。于此，胡雪岩有了一个奔走于杭州与上海的机会，当时，他所雇用的是阿珠家的船，而阿珠的娘恰好懂一些蚕丝生意，胡雪岩得到了一个请教的机会。他了解到，丝绸纺织需要大量的原料，洋人则需要从中国进口大量的蚕丝，这样看来，做外贸或者销给洋商，都能赚大钱。胡雪岩的心中，有了做蚕丝生意的念头。

在帮助王有龄漕米的事情中，胡雪岩有幸结识了古应春和尤五。不久之后，胡雪岩又发现了一个机会，原来王有龄调任湖州知府，而湖州正是蚕丝的主要产地。于是，胡雪岩这个丝绸行业的门外汉开始做起了蚕丝生意，将朋友古应春、尤五也拉了进来，合作大干一场。

其实，说到做蚕丝生意，信和钱庄的张胖子，以及丝行的老板庞二无疑算是沾点边。因为，张胖子经常往返于杭州与上海，似乎比胡雪岩更熟悉蚕丝生意，而有信和钱庄如此雄厚的资本，做生意自然是不用发愁的；再说说庞二，他可是蚕丝生意中的高手，却没能想到控制市场、操纵价格。而他们没有做的，都被胡雪岩做了，原因就是他们没能发现机会，所以，也错过了成功的机会。

张胖子和庞二没能发现的机会，被胡雪岩发现了，不仅发现了，而且还将其利用起来。他利用阿珠家在湖州且熟悉蚕丝生意的关系，出资让阿珠的父亲在湖州开丝行；利用王有龄调任湖州知府的关系，着手生丝收购，又联系了洋商，结交了丝业巨头庞二，做起了蚕丝销洋庄的生意。这样一来，机会被自己所用，想不成功都不行了。

1. 抓住有价值的信息

在国外流行这样一个观点：掌握住信息，就掌握了生意的命运；失去了信息，就失去了生存的基础。可以说，一个有价值的信息，一个正确的情报，会促使一笔大生意的成功。

2. 了解市场需求

不管做什么事情，都必须了解市场需求，只有知己知彼，才能牢牢把控机会。所以，平日里要多调查事实、分析信息，只有不断充实自己，才能追上瞬息万变的社会发展步伐。

在现实生活中，并不存在什么幸运之神，机会也从来不主动敲响我们的门，机会从来都是属于那些有准备、敢于拼搏的人，他们发挥自己的能力来把握机会，并很好地利用机会。机会，本是无时无刻不存在，重要的是在于你是否具备一双火眼金睛。

与其等待，不如自己创造机会

俗话说：“不入虎穴，焉得虎子。”如果不钻进老虎的洞穴，怎么会捉到小老虎呢；如果捉不到小老虎，又怎会有成功的机会呢。很多时候，机会并不是等待而来的，而是我们自己创造的。当然，创造机遇是需要担当风险的，否则，机会不会白白等着你。

商场就如战场，只要看准了时局的变化，就一定能找到商机，而一旦找到商机，就需要冒险的精神，否则，一切都是白忙活。有的人即使发现了机遇，但如果缺乏一种冒险精神，迟迟不出手，那么，转眼间，机遇就到了别人的手里。当然，冒险并不是有勇无谋，而是有勇有谋，在知道这件事不一定会成功的前提条件下，还是鼓起勇气去做，但是，在真正付诸实际行动之前，会制定一个妥善的机会，做好充分的准备，以此避免危险，如此冒险，才能为自己创造计划。相反，若是在走投无路的时候慌忙采取冒险行为，那肯定会失败。

其实，早在胡雪岩在钱庄当小伙计的时候，他就开始寻找机会，当然，与此同时的是他的冒险精神。当时，胡雪岩只是一个小伙计，无钱无权，不过，他却冒险将钱庄的500两银票交给王有龄。按常理说，他似乎没有权力去这样做，毕竟钱并不是自己的，即便是看中对方将来定有所发展，可是，无亲无故，何以将这么大笔钱押在一个陌生人身上呢？在这件事情上，胡雪岩就是在冒险，用他的话来说就是赌。最后，恰恰是他的冒险为自己带来了巨大的受益，王有龄捐官成功，成为他日后的靠山。

太平天国大乱，王有龄在杭州被太平军攻破之后，为了避免受辱，保得一世清白，他自杀殉职。在临死之前，他托付自己的兄弟胡雪岩为自己洗刷耻辱。知道好朋友自杀后，他内心悲痛，胡雪岩明白其中深意，收复杭州是王有龄的遗愿，而有能力收复杭州的只有左宗棠的军队。在这之前，胡雪岩听说，左宗棠脾气火暴，嫉恶如仇，一向自命清高，而且，胡雪岩知道，左宗棠似乎很厌恶自己，这时候，他不来找自己的麻烦就是好事了，怎么还会自惹麻烦呢？

可是，为了王有龄的遗愿，他愿意去冒险。不过，冒险肯定不是去送死，而是要创造成功的机会。于是，他先了解了左宗棠的性格脾气、爱好、为人等各方面的信息，并为此做了详细的计划。其实，当时的左宗棠确有置胡雪岩于死地的意思，不过，在见面时，胡雪岩的一句话救了自己的命，他对左宗棠说："我一生只会做事，从来不会做官。"原来，这话本是左宗棠的名句，听到这样的话，左宗棠不想胡雪岩跟自己的观点一致，高兴之余，他已经忘记之前的想法了。

就这样，胡雪岩不仅完成了王有龄的遗愿，而且在冒险中创造了一个机会，那就是使左宗棠这位中兴名臣成为自己的靠山。

后来，在左宗棠的帮助下，胡雪岩穿上了黄马褂，建立起庞大的白银帝国。

似乎，胡雪岩的每一次冒险都为自己求得了绝好的机遇。当然，他的每一次冒险都是经过深思熟虑的，在做事之前就进行了周密的策划，即使不能成功，也能全身而退。不过，似乎好运总是站在胡雪岩这一边，他的敢于冒险为自己日后的事业发展提供了良好的契机。抓住了机会，胡雪岩一跃成为晚清时期最著名的红顶商人。

有人说："美国有很多讨论富人的书，都得出结论证明富人并不比普通人聪明，学识也不一定比一般人多。要说富人智商有多高，那纯粹瞎掰。这些富人之所以能成功，而很多智商、学识远远高过他们的人却成功不了，是因为富人们具有的冒险精神或是敢想敢做的精神确实比别人强。"或许，富人并不是成功的代名词，但是，他们无疑是成功的代表之一，而冒险精神正是他们成功的助推器。

王传福说："最关键的是要有冒险精神。"当比亚迪科技有限公司刚刚成立的时候，日本充电电池一统天下，国内的许多厂家都是买来电芯自己组装，这样，利润少，几乎不存在竞争。经过一番思考，王传福将目光投向含量最高、利润最丰富的电芯。如此冒险的想法，在国内还无先例。后来，比亚迪公司的镍镉电池销售量达到15亿块，排名上升到世界第四位。之后，王传福投入大量资金开始了锂电池的研发，很快便拥有自己的核心技术，并成为摩托罗拉的第一个中国锂电池供应商。

如果说这是王传福的第一次冒险，那么，决定制造汽车将是其第二次冒险。2003年，比亚迪宣布以2. 7亿元的价格收购西安秦川汽车有限责任公司77%的股份，由此成为继吉利之后国内第二家民营轿车生产企业。2004年，深圳市有200辆比亚迪制造的锂离子纯电动汽车投入出租运营，成为全国第一家电动车示范区，真正实现了尾气零排放。

因敢于冒险，适时抓住了绝好的机遇。在短短7年的时间里，王传福将镍镉电池产销量做到了全球第一、镍氢电池排名第二、锂电池排名第三，年仅37岁便成为享誉全球的“电池大王”，坐拥338亿美元的财富。

其实，冒险与机遇总是结伴而行的，要想抓住机遇，就应该有冒险精神。在生活中，常常有这样的人，还没开始做一件事情的时候，他们就会想：如果失败了怎么办？于是乎，为了不失败就选择了放弃。可是，等到别人成功之后，他会无奈地说：“早知道，我也去做了。”机遇已经流失了才想到后悔，为时已晚。所以，在生活中，面对任何事情，我们都要有冒险精神，如此，才能抓住稍纵即逝的机遇。

时刻保持机灵，不放过转瞬即逝的好机会

毋庸置疑，每个人都渴望成功，都希望自己能够功成名就。然而，成功的机会有时如同白驹过隙，让人很难抓住。有位名人曾说，机会都是给有准备的人准备的。这句话非常形象贴切，因为如果平日里不努力，松懈懈怠，则等到成功的机会真的从天而降时，你也只能垂涎三尺地看着别人抓住机会，实现梦想。由此，我们又要回到本章的正题：拖延的人能抓住成功的机会吗？除非奇迹出现，答案当然是否定的。很多人瞪大眼睛时刻准备着尚且无法抓住成功的机会，更何况是整日睡眼惺忪、不知所以的你呢！因此，要想成功，我们必须时刻保持机灵，从而不放过每一个转瞬即逝的好机会。

有的时候，即使只拖延1分钟甚至是1秒钟，事情都会发生翻天覆地的变化。你知道在1分钟的时间里有多少婴儿出生吗？你知道在1秒钟的时间里股市会有怎样的动荡产生吗？你知道地球每秒钟运行多少公里吗？只是一眨眼的瞬间，事情就会出现突然的转折。而你，不能在一切都瞬息万变的现代社会始终保持静止不动的姿势。要想把握住成功的机会，我们就必须与时俱进，更加努力上进。

很多细心的人会发现，我们人生的很多重要转折并非出现在那些关键的重大时刻，而只是因为一瞬间的关键时点。因而，不

管什么时候，我们都要学会把握关键时点，这样才能如愿以偿地更加接近于成功。

作为美国的石油大亨、美孚石油公司的董事长，贝里奇经常四处巡查工作。有一次，在去开普敦视察工作时，贝里奇无意间看到一个年轻的小伙子正跪在地板上清除水渍。与普通的清洁工不同，这个小伙子每擦地一下，就会非常虔诚地以额头触地。贝里奇万分惊讶，情不自禁地上前询问，小伙子说：“我是在感谢一位像万能的上帝一样的人。”贝里奇更奇怪了，说：“像上帝一样的人？他是谁呢？”小伙子以非常尊敬的口吻说：“他就是给了我工作机会的人。是因为他，我才顺利找到这份工作，养活自己。”看到小伙子如此感恩，贝里奇笑了，说：“我也认识一位像神仙一样的人，正是因为他的帮助，我才有今日的成就，成为美孚石油的董事长。你愿意见一见我的贵人吗？”小伙子说：“我是孤苦无依的孤儿，从小就是由教会抚养长大的。我愿意报答曾经帮助过我的好心人，如果这位贵人能够让我在养活自己之余，还有能力报答那些好心人，我很愿意马上就认识他。”贝里奇故作玄虚地说：“在距离这里千里之遥的南非有一座大山，我说的神仙一样的贵人就住在那里。如果你愿意去，我可以代你请假。不过，你只有一个月的时间，不能多一分，也不能少一秒。否则，圣人就会怪罪于你。”

年轻人当然愿意抓住这个改变命运的机会，因而他辞别贝里奇之后马上出发，正好在30天的时候赶到了那座大山。然而，他找遍了整座大山，也没有找到贝里奇所说的神仙一样的人。因此，他失望地回来了。刚刚回到公司，他就去问贝里奇："尊敬的董事长，我在山上没有找到你所说的神仙一样的人。我找遍整座大山，只有我自己啊。"贝里奇笑着说："是的，只有你自己。因为你按时到达，所以你找到了自己成功的机会。你既没有多一分，也没有少一秒，如果你做任何时候都这样刚刚好，你一定能够获得成功。"贝里奇的话让年轻人恍然大悟。从此之后，他抓住每一分每一秒的时间努力奋斗，终于在20年后成为美孚石油开普敦分公司的总经理。他，就是贾穆纳。

任何人，做任何事情，都需要抓住机会，既不早到一分，也不迟到一秒。而要想做到这一点，我们就必须精准地把握人生的每一次机会，千万不要因为拖延而失去千载难逢的成功机会。有的时候，成功的机会转瞬即逝，一次延误也许就会导致一生的错失。

贾穆纳之所以成功，正是因为他在贝里奇的指引下，在刚刚好的时间里，找到和发现了自己。要想成功，我们既要把握自己的命运，又好抓住分秒的时间，如此才能梦想成真，否则就会竹篮打水一场空，最终导致一切都成为镜中月。成功，是实实在在的，来不得半点虚假。我们只有抓住人生中的每一次机会，才能更加接近成功。

丢弃浮躁，学会等待时机

有一则寓言故事讲述了一头口渴的驴子的故事，这则故事告诉了人们善于等待有着怎样的意义。

有一头驴，在固定的时间走到河边饮水。可是这个时候水里的鸭群扇动翅膀，正在开心地玩耍。它们嘎嘎地叫着，互相追逐，结果把水搅得混浊不堪。

驴虽然渴得难以忍受，但是它滴水不沾，走到一边，开始耐心等待。

最后，鸭群平息下来，爬上岸，慢慢腾腾地走远。驴重新来到河边，可是河水还很浑。于是，驴又悻悻地走开。

“妈妈，驴为什么不喝水呢？”好奇的小青蛙对驴的举动很困惑，“它已经两次走到河边，可是连一口水也没喝就走了。”

青蛙妈妈回答道：“驴宁愿渴着，也不沾一口脏水。它会耐心等待，直到水变得洁净，变得清澈见底，才肯饮用！”

“哎呀！驴怎么这么固执呢？”

“你说的不对，孩子，与其说它固执，不如说它有耐心。”青蛙妈妈解释说，“驴善于等待，所以能够喝到清净的水；如果它缺乏克制能力和忍耐力，就只能喝浑浊的脏水了。”

从故事中我们可以看出驴非常的口渴，但是它却没有急着去喝脏水，而是用一颗平静的心去等待。我们应该从这头驴的身上学会坚忍的品质，要明白成功是需要有所等待的，而不是急于求成。一个人要想办成一件事，没有坚强的毅力和极好的耐心是不行的。学习是这样，工作和做事也是这样。

王猛出生在青州北海郡剧县，年幼时因战争动乱，他随父母逃难到了魏郡。在王猛年轻的时候，曾经到过后赵的都城——邺城，这里的达官贵人没有一个人瞧得起他，唯独有一个叫徐统的见了他以后非常惊奇，认为他是一个了不起的人物。于是，徐统召请王猛为功曹，可是王猛不仅不答应徐统的召请，反而逃到西岳华山隐居起来。因为他认为自己的才能不应该干功曹之类的事，而是应该去帮助一国之君来干大事，所以他隐居在山中，静观时势变化，等待机会的到来。

公元351年，氐族的苻健在长安建立前秦王朝，力量日渐强大。公元354年，东晋的大将军桓温带兵北伐，击败了苻健的军队，把部队驻扎在灞上。王猛身穿麻布短衣，径直到桓温的大堂求见。桓温请他谈谈对当时局势的看法，王猛在大庭广众之中，一边把手伸进衣襟里去捉虱子，一边纵谈天下之事，滔滔不绝，旁若无人。

桓温见此情景，心中十分惊奇，他对王猛说："我遵照皇帝之命，率10万精兵，号称正义之师前来讨伐逆贼，为百姓除害，以安天下。可是，关中豪杰却没有人到我这里来效劳，这是什么缘故呢？"王猛直言不讳地回答说："您不远千里来讨伐敌寇，长安城近在眼前，而您却不渡过灞水去把它拿下来，大家都揣摩不透您的心思，所以才不来。”

桓温沉默良久。王猛的话正击中了他的要害，他的打算是，自己平定了关中也只能得个虚名，而实际利益是归朝廷所有的，与其消耗实力，为他人做嫁衣裳，还不如拥兵自重，为自己将来夺取朝廷大权保存力量。

正因如此，桓温更加认识到王猛的非同凡响，便道：“这江东没有人能比得上你。”

后来，桓温退兵了，临行前，他送给王猛漂亮的车子和优等的马匹，又授予王猛高级官职“都护”，请王猛随他一同南下。但王猛拒绝了桓温的邀请，继续隐居华山。开始的时候王猛的确是想借桓温这个机会来干一番事业的，但是他考察桓温和分析东晋的形势之后，认为桓温不是甘心久居人下之人，迟早会反叛朝廷的，但是以桓温的实力未必能够成功，自己在桓温手下很难有所作为。

桓温走后的第二年，前秦的苻健去世，继位的是中国历史上有名的暴君苻生。苻生昏庸残暴，杀人如麻。苻健的侄子苻坚想除掉这个暴君，于是广招贤才，以壮大自己的实力。他听说了王猛的名声，就派尚书吕婆楼去请王猛出山。苻坚与王猛一见面就像知心的老朋友一样，他们谈论天下大事，双方的意见不谋而合。苻坚觉得自己遇到王猛就像三国时的刘备遇到了诸葛亮，王猛觉得眼前的苻坚才是值得自己一生效力的对象。于是，王猛留在苻坚身边，积极为他出谋划策。

公元357年，苻坚一举消灭了暴君苻生，自己做了前秦的国君，而王猛成了他手下的得力助手，任中书侍郎，掌管国家机密，参与朝廷大事。王猛36岁时，因为才能突出、精明能干，一年之中连升了五级，成了前秦的尚书左仆射、辅国将军、司隶校尉，为苻坚治理天下出谋划策，干出了一番轰轰烈烈的大事业，成为中国历史上著名的杰出政治家。

王猛没有为了求取富贵荣华而做出一些急功近利的事情，他懂得韬光养晦，更有一颗隐忍等待的心，终于遇到了明主，也最终成就了自己的一番事业。总之，只有善于等待时机，你才不会错过时机，只有懂得积蓄能量，终有一天你会蓄势待发，一飞冲天。善于等待的人，一切都会及时到来。想要成就一番事业，就必须丢弃浮躁的心理，磨炼自己的意志，韬光养晦，这样才能成就更优秀的自己。

机遇就像我们指缝间的时间，稍纵即逝

什么是机遇？其实机遇是一种有利的环境因素，让有限的资源发挥无穷的作用，借此更有效地创造利益。所谓“谋事在人，

成事在天”，说的是事业成功取决于两方面的因素：一是主观努力，二是客观机遇。很多人在生活中因为抓不住机遇而总是徒留遗憾，最终后悔莫及。是的，机遇就像我们指缝间的时间，稍纵即逝，所以说，当机遇走到我们身边的时候我们一定要在一定的时限内好好地把握住它。

《飘》这部文学名著在文学史上产生了很大的影响，根据《飘》改编的电影也是很受人追捧，其中因扮演女主角郝思嘉而大放光彩的费雯丽也受到了很多人的喜爱。但是我们或许不知道，在接下这个角色之前，她其实只是一个不受瞩目的小角色。她之所以能够因此而一举成名，就是因为她大胆地抓住了自我表现的良好机遇。当《飘》开拍时，女主角的人选还没有最后确定。毕业于英国皇家戏剧学院的费雯丽当即决定争取出演郝思嘉这一角色。“怎样才能让导演知道我就是郝思嘉的最佳人选呢？”这个问题困扰着她。

费雯丽想了很多方法，最终她作出了一个决定，她要向制片人举荐自己，证明她是最合适的人选。一天晚上，刚拍完《飘》的外景，制片人大卫又愁眉不展了。可是正在自己郁闷的时候，他看到楼梯上走下来两个人，那位男士他认识，可是那个女士怎么这么陌生呢？只见她一手扶着男主角的扮演者，一手按住帽子，居然把自己扮演成了郝思嘉的形象，那双明亮的眼睛，那纤细的腰肢，都让人们惊艳。当时大卫感到非常的好奇，她的举止有一种似曾相识的感觉，正在这时，男主角兴奋地向他喊了一声：“喂！请看郝思嘉！”大卫一下子惊住了：“天呀！真是踏破铁鞋无觅处，得来全不费工夫。这不就是活脱脱的郝思嘉吗？！”于是，费雯丽被选中了。

这就是懂得为自己创造机遇的典型案例，费雯丽用自己的智慧去制造机会，因而接下女主这一角色，从而一举成名。朋友们，机遇是非常重要的，我们要懂得为自己去制造良好的条件，这样才能更好地达成我们的目标，实现我们的愿望。

很久以前，住在伯利恒的大卫还是一个小孩子，他有8个强壮的哥哥。

虽然他只是一个孩子，但他长得英俊而强健。当哥哥们去山上放羊的时候，他也跟着一起跑。大卫就这样一天天长大，后来，他开始照看一部分羊群。

有一回，当大卫躺在山坡上看羊的时候，突然，一头狮子从森林中冲出来，并叼走了一只羊。大卫想都没想，就去追赶狮子，他纵身一跃，跳到了狮子的身上，抓住了狮子的鬃毛，他赤手空拳就杀死了那头狮子。

随后不久，战争爆发了，扫罗王召集军队去迎战，大卫有3个哥哥随扫罗王出征了，由于大卫年纪小，只能留在家里。一个半月后，大卫借着送食物的名义来到军营。当他到达那里时，只见喊声震天，军队正严阵以待，而对面的山坡上，站着一个大巨人。他正大踏步来回地走动着，炫耀着自己的强壮与勇猛。

以色列没有一个人敢前去迎战的，大卫想上前去挑战一下："我要去迎战那个巨人。以色列神将与我同在，我不会害怕的……"大卫的哥哥想封住他的嘴，但来不及了。一旁早有人跑去报告给了扫罗王。

扫罗王下令召见大卫，当大卫被带到扫罗王跟前时，扫罗王看到他是个孩子，便想劝阻。但是，大卫向扫罗王讲述了他如何赤手空拳杀死狮子的事迹，并信誓旦旦地说："既然上帝能让我战胜它，那个巨人也没什么可怕的！"

扫罗王允许了："去吧，孩子，上帝与你同在！"

扫罗王要把自己最好的武器赐给大卫，但被拒绝了。大卫拿出自己的家伙，拎起牧羊童的袋子，背着投石器，就离开了以色列军营。接着，他又在小溪边挑选了5块圆滑的石子。然后就去迎战巨人了，巨人见到对方只是个孩子，便压根儿不把他放在眼里。面对对方那庞大的身躯，大卫一点儿也不害怕。他勇敢地喊道："开始吧，拿好你的矛和你的盾。今天，上帝既然把你交到我的手中，我就一定会将你打败的！"

巨人冲向大卫，大卫一扭身子，躲过了巨人的庞躯。接着，他把手伸进袋子，掏出一块圆滑的石子，然后将其装上投石器，同时，紧紧地盯着巨人前额上头盔的连接处，拉起投石器，用强健的右臂将石子掷出去。只听"嗖"的一声，石子重重地击中了巨人的前额，巨人轰然倒地。一瞬间大卫飞奔过去，拔出剑，把巨人的头割了下来。

巨人死了之后，以色列军队士气大增，纷纷冲下山坡，杀向四处逃散的非利士人。

战争结束后，扫罗王把大卫召来，并对他说：“你不用回去了，你将成为我的儿子。”

大卫就留在了扫罗王的营帐，很多年后，他取代扫罗王，成为新一任国王。

机不可失，时不再来，我们每一个人都明白这个道理，可是做到的又有几个呢？抓住了机会，我们就可能乘风而起，登上成功的巅峰；如果错失了机会，我们就可能会与唾手可得的成功擦肩而过，因而懊悔不已。你不理机遇，机遇也不会理你，那么你离自己的梦想就会越来越遥远。当机遇来临时，我们一定要紧紧地抓住，当没有机遇的时候，我们也不要苦苦等待，无所事事，我们要结合时局为自己创造机遇，这样我们才能成为一个有所收获、有所成就的人。

第 10 章

勇敢改变和尝试，任何成功都源于主动改变

我们生活中的每个人，都羡慕那些有一番作为的人，而我们大多数人都与梦想渐行渐远。为什么呢？因为我们都认为梦想终归是梦想，只把它当成遥不可及、无法实现的目标，而始终没有为梦想作出改变，并且，他们能找出很多自己的理由，比如，“我向来如此”“我不是那块料”“我没有资金”……其实都是缺乏意志力的人为自己找的冠冕堂皇的借口。别忘了那句最常听说却最容易忽略的话：事在人为。事实上，任何成功都源于改变自己，你只有不断地剥落自己身上守旧的缺点，才能做到敢为人先，才能抓住第一个机会，才能实现自己的进步、完善、成长和成熟。

真的有人“害怕成功”吗

当人们陷入恐惧之中，难免会产生悲观消极的心理，导致心情备受压抑，人生也阴云密布。为什么人们会感到恐惧呢？曾经有心理学家经过研究发现，恐惧的根源其实在幼年时期。尤其是在形成人生观、价值观的关键时期，假如孩子的价值观受到威胁，就会产生一定的后遗症状，导致心底有难以排遣的恐惧。也因此现在很多教育学家都指出，一定要给孩子安全愉悦的童年。曾经有心理学家对恐惧进行分类，一种恐惧是源于害怕被拒绝的心理，还有一种恐惧则是因为害怕成功。

很多孩子小时候都曾有过遭受批评的经历，父母或者老师对他们的批评越是声色俱厉，他们的恐惧心理也就越深刻。有的时候，同伴的批评也会让他们对自己产生否定心理，由此批判自己、反思自己，也质疑自己。因为同伴对于孩子而言更重要，也因为同伴身上总是有孩子的影子，因而很多孩子都特别在乎同伴的评价。从这个意义上来说，同伴的评价对孩子起到更加严重而又深远的影响。当不正当的批评把孩子与错误的自我认知联系在一起时，他们的人生就会受到影响，即便长大成人也很难消除，由此成为他们恐惧的根源之一。随便想想，相信大多数孩子都能回忆起自己小时候的经历，必然伴随着父母、老师或者小伙伴的批评。由此很多父母在教育孩子的时候，往往带着威胁的意味，诸如“你再不吃饭我就把饭拿走，你就不能吃了”“你再不听话，妈妈就不要你了”，诸如此类的恐吓和威胁，时至今日依然充斥着孩子的生活。还有些父母或者老师会给孩子贴标签，诸如“你真笨”“你不擅长唱歌”等，也许在成人的世界里只是一句无关轻重的无心话，但是因为孩子的认知能力发育不够完善，因此这样的贴标签很容易导致孩子沮丧绝望，甚至觉得自己压根不可能成为一个优秀的人，因而心中总是惴惴不安。

总而言之，一个人的行为习惯绝非一朝一夕就能养成的，大多数情况下，习惯都是从小点点滴滴养成的。只有给孩子营造积极乐观、充满肯定的成长环境，孩子长大之后才能充满信心，坚决果断。否则，他们就会在持续的否定之中变得根本不敢按照自己的心意去生活，去作出决定，更不敢随心所欲，因为他们很担心一旦自己稍不留意，就会被人否定、拒绝和批评，最终发展成为畏手畏脚、丝毫不敢引起他人的注意的人。这就是“害怕成功”。

一直以来，父母对于林曼的教育都秉承中庸之道。因为父母都是老老实实的普通人，他们一生之中从未做出过惊天动地的大事，更没有做出辉煌的成就。由此一来，他们也不愿意让孩子过于扎眼，而只想让孩子拥有平淡幸福的人生。正是在这样的教育中，林曼一直以来都默默无闻，尽管她很优秀，却非常内敛，从不觉得自己优秀，更不觉得自己可以做到出类拔萃。

有一次，学校举行作文比赛，老师原本想让林曼代表班级参赛，不想林曼却拒绝道："为什么让我参加作文比赛呢？要是比赛输掉了，岂不是很丢人？要是比赛成功了，我可不想被大家关注啊！"就这样，不管老师好说歹说，林曼就是不肯代表班级参赛。无奈之下，老师只好找到林曼的父母，让他们给林曼做通思想工作。不想，林曼妈妈也不以为然地说："小孩子只要学习好就行了，参加这些乱七八糟的竞赛招人耳目也没有什么好的，她不参加就算了吧。"听了林曼妈妈的话，老师不由得苦笑："林妈妈，难怪林曼有这样的思想，都是因为受到你的影响啊！其实你想错了，现代社会竞争激烈，一个人如果是人才，有能力，就必须展现自己的实力。否则，一味地沉默寡言，即使有能力也不表现出来，怎么能得到他人的欣赏和认可呢！现代社会可不是酒香不怕巷子深了，而是需要我们做好推销工作，顺利把自己推销出去呢！"在老师的一番启发下，林曼妈妈才有所感悟，不过林曼不喜欢成功更害怕出人头地的习惯，可不是朝夕之间就能改变的。

老师说得很对，现代社会不再推崇酒香不怕巷子深，而是应该全力做好营销和推销工作，哪怕只是简单的应聘找工作，我们也必须努力推销自我、展示自我，从而顺利找到心仪的工作。

不管是在生活还是工作中，人们都渴望成功，又都有不同程度的拖延症，最主要的原因是害怕为了成功所必须进行的各项准备工作，也不想让自己过于辛苦。然而，这样的逃避和退缩却使人们进入恶性循环，从缺乏自信到畏缩恐惧，再到更加失去自信，整个人生都会变得暗淡无光。朋友们，要想帮助自己更好地拥抱人生，创造未来，我们必须帮助自己战胜内心的恐惧，从而才能拥有灿烂明媚、勇往直前的人生。

找出自己可以改变的地方，并勇于尝试

每个人都有自己不同的积累财富方式，可是每种方式积累多少财富却是不一定的，有的人一天到晚忙忙碌碌、辛辛苦苦，可是积累的财富却只够自己的生活所需，而那些看起来并不那么忙碌的人，也许一天比你一生积累的财富都要多。这是为什么？只不过是由一个人赚钱的方式不同决定的。

有的人靠体力赚钱，靠的仅仅是劳动的双手，如果他一天没有劳动，那就没有收入，而有的人靠自己建造的某个系统赚钱，就算他某天没有工作，还是有财源滚滚而来，一个人赚钱能力的高低，用什么方式积累财富，是与他的工作方式有关的。

美国一个摄制组找到一位柿农，表示要买他的柿子。于是柿农找来了自己的同伴，自己用带弯钩的长竿将柿子勾下来，同伴在下面用蒲团接住，一勾一接，配合默契，大家还相互谈笑风生、唱歌助兴，美国人把这些有趣的场景都拍了下来。临走的时候，那些美国人付了他们钱，却并没有拿走那些柿子。柿农都很奇怪，其实并不怪，因为他们就是靠这些纪录片来赚钱的，他们的目的并不是柿子，而是由柿子产生的信息产品，那才是真正值钱的东西。

农民忙了一年所带来的财富，却远远不及这一段小小的纪录片。所以说，人不要仅仅凭着体力劳动或者技术来赚钱，还要学会思考，学会用自己的创意来赚钱。很多年轻人可能说我没有创意，没有创造新事物的能力。其实，创意不仅仅是创造新事物那么简单，它可以只是一个新鲜的想法、一种稍稍改良的做法。不要轻视这些微小的创意，也许他们就可以给你带来巨大的财富。只要你勤于思考，勇于尝试，就会有不俗的表现。

再好的想法创意都是需要尝试的，在尝试一件事情之前，不要急着去否定它，只要有了新鲜的想法，就应该去试一试，只有行动才能带给我们足够的财富。如果像人们说的“晚上想了千条路，早上还是沿着老路走”，那就不可能有任何的进步，更不可能奢望积累更多的财富。

创造财富一定要勇于尝试，不断找出自己可以改变的地方，找出目前做事方法的缺点和不足，然后试着进行改造，也许就可能产生新的创意。

美国摩根财团的创始人摩根原来并不富有，夫妻二人仅仅靠卖鸡蛋维持生计。但聪明的摩根善于观察、善于思考，他看到人们总是喜欢买妻子的鸡蛋，弄明白了原来是人们眼睛的视觉误差，使自己大掌中的鸡蛋显得小了。于是他立即改变自己卖鸡蛋的方式：用浅而小的托盘盛鸡蛋，果然销售情况有所好转。但他并没有因此而停止思考研究，既然视觉误差能够影响销售，那经营的学问就更大了，于是，他对心理学、经营学、管理学等进行了研究和探讨，终于创建了摩根财团。

对于成功来说，有创意固然重要，然而敢于尝试的心则是更重要的。年轻人如果怕这怕那，总是囿于自己原本的见识，不敢冲出自己的生活圈子，总是害怕自己的生活会变得更苦，那么他永远都不会与财富有缘。所有那些成功的人士，都曾经冒过一定的风险，当过第一个吃螃蟹的人。俗话说，“富贵险中求”，安安稳稳的生活注定是不可能与财富结缘的。

只有善于思考，对自己的想法勇于尝试的人，才可能取得更大的成功。就算你的想法并不是那么完善，不是那么成熟，你也可以进行尝试，然后在实践中去完善自己的想法，没有任何一件事情是在一开始就非常顺利的，但如果你不进行尝试，将与成功无缘。

“超人”剃须刀在中国的电动剃须刀中占到了市场的21%，但是它的创业之路却是非常坎坷的。开始的时候，应家兄弟是做衡器配件的，有一次大哥到山西出差，看到人们在排队买电动剃须刀，于是就特意到上海买了一个回来，大家都觉得这个东西很好，很有市场，于是决定做电动剃须刀。

几个兄弟开始了繁忙的联系业务，但是订单有了，生产的事情却让他们大伤脑筋：当地的塑料加工工艺没有优势，很多零件要到全国各地去采购，增加了成本。不但如此，因为没有经验，剃须刀还出现了质量问题。但是失败并没有击败他们，他们又一次从市场、技术等方面做详细的调查和分析，最终从刀片上打开缺口，开始了自己的事业。而今，“超人”与飞利浦、博朗、松下并列全球四强。

兼听则明，别太固执

做事应该有主见，但也要善听人言，别人的话，如果正确就应该听信，不能够固执己见，但是听信人言也是应该有原则的，不能偏听偏信，更不能在别人的意见中丢掉自己的主张和意见，丢掉自己应该坚持的信念。

成就自我，首先要相信自己，其次要善于整合众人的智慧，把别人的思想、意见、优点都变成自己的，这样才能在复杂的形势下，对情况有更客观清醒的认识，才能够按规律做事，最终才能有成就。善听人言，最重要的不是不固执己见，听别人的话，而是要弄清楚下面几个问题：听谁的话？相信怎样的预测？怎样听信别人的意见？怎样整合不同的意见？解决好了这些问题，才算“善”听人言，才能够在杂乱而茫然的意见中找到一丝头绪，才对做事有好处。

第一，听谁的意见？听亲朋好友的话？听周围朋友的劝诫？听领导的话？往往对于一件事来说，不同的人有不同 的意见，不同的人有不同的处理方法，而各种处理方法的结果却千差万别。如果你没有自己的意见，而茫然听信周围人的话，就可能使自己无所适从，最终事情也做不好。

当你就一件事情征求意见的时候，你最好选择好对象，我觉得你要听那些做人做事做得比你优秀、比你成功的人的话。最好听取他们的意见，因为一个人做事成功，肯定有自己一套与众不同的为人处世的方法，这些规律和方法使他们的决定更靠近客观情况，更靠近事实真相，最终变得更优秀、更成功。

向他们请教意见，往往能够得到很好的办法，给你不少启发和指导。

当然“智者千虑，必有一失”，除此之外，你还应该听听那些与他们看法不同，但同样很优秀的人的意见。这些相左的意见，会给你很多启发，或者教你在看到事情积极一面的同时意识到风险，对于你做决定有很大的助益。

第二，遇到相左的意见怎么办？你的做法就是要先坚持己见，然后找到理由来支持你的想法，找到的理由越多、越客观、有越多的事实根据，你做的决定越正确。

而如果别人找到了更多的理由和事实依据来反对你的意见，你就要注意了，这说明你做的决定正处在一个极大的矛盾当中，既有很大的可行性，又有极大的风险。要知道在某个新行业的最初阶段，总是高收益和高风险并存的。你既要坚持可行，又要避免风险，还要衡量收获和风险哪个更多一些，你是否能承受，就算能承受，也要准备好遇到阻力后可以实施的第二套、第三套方案。

如果感觉自己的决定似乎欠妥时，就要更加谨慎，听取更多人、更优秀人的意见，最终用事实来说话。不要盲目地“少数服从多数”，也不能坚持“真理掌握在少数人手里”，如果可能，听取更积极的意见，用最谨慎的态度来做有风险、有矛盾的事。就算失败了，也要总结好经验，看看哪个环节出了错误，不能一味否决当初的决定。

第三，怎样整合不同的意见？每个人对事情都有不同的看法，可能你决定一件事的时候，周围人都会通过不同的方法来反映他们的意见。

你有必要确定一个最终要达到的目标，有一个大概的方向和方略，围绕大概的方略，听取各方面的意见。方向必须是明确的，环节可以补充，当然这是在大方向正确的前提下进行的。反对意见也可以作为一种防范措施，支持意见可以积极采取，补充意见有必要采纳。这就是集众人智慧于一体、招贤纳谏的真正做法。既不要偏听偏信，也不要坚持己见，让事情按照最接近客观规律的方法来做，用最积极的态度来完成，就是最好的做事方法。

做事情不要固执己见，如果别人能够提出更好的方法，那就不妨听取别人的意见。古代的贤君每个人身边都是有众多的“谋士”的，如果能够听取别人的正确意见，那也会聚集更多的智慧，把事情处理得更加完美。“走自己的路，听别人的话”才能有更大的成就，坚持相信自己并没有错，但是相信更多的事实，采取更多的防范措施，不是可以使自己做的事情有更多的保障、有更好的准备吗？

固执己见常常是刚走上社会的年轻人身上的一块硬伤，只有当你慢慢变得更加成熟、更加圆融，才可能考虑得更周到、更严密，最终才能体会到“三人行，必有我师”的含义，做事才能更严谨，更接近完美，在这之前“善听人言”的心态就是一种成熟、思虑周密的好心态。

无须恐惧，有些路你必须坦然面对

随着年岁一天天增长，我们的经验和阅历也越来越丰富。这时，我们也许会突然意识到，原来父母曾经对我们的叮咛都是那么可贵。遗憾的是，当初年少无知的我们没有把这份爱的叮咛放在心上，而是将其作为百无一用的唠叨置之脑后。直到我们也走到了父母的年纪，才恍然大悟，这么深刻的道理一定要提前告诉孩子，以避免他们走弯路！真正等到成了父母，我们才发现孩子正在和我们犯着同样一个毛病，即把父母满怀好意的经验之谈当成毫无用处的唠叨置之脑后。一代又一代，就这么走着弯路。其实，这是人生必然的经历。很多事情，如果不涉及原则性问题，我们应该给予自己一定的空间。人们常常用“不撞南墙不回头”来形容那些不接受别人善意的意见的人。实际上，这个问题在很多人身上都有。对于那些并非会酿成严重后果的事情，我们不妨少说一些，不管是对子女也好，还是对自己也好，有的时候，切身的经验和体会是比别人的任何说教都醍醐灌顶的。因此，有些弯路是必须走的，我们无须恐惧，只需要坦然面对即可。

美国教育学家杜威创立了“从做中学”的教育理念，目的在于提倡父母、老师不要仅仅一味地教授孩子现成的知识，而是引导孩子去体验。有些错误，即使父母师长警告了一百遍，孩子依然会存在好奇心去尝试，而假如让孩子亲身体验一次，他也许就再也不会犯同样的错误了。其实，“从做中学”的教育理念不仅适用于孩子的教育问题，也同样适用于成人社会。很多时候，我们为自己没有听取其他人的劝告犯下错误而追悔莫及，却不知道，自己从实践中摸索出来的经验是更为可贵的。人生没有捷径，很多事情，不去尝试，你就不知道结果如何。所以说，人生的很多弯路是必须走的。就像爬山，在山脚下的时候，我们多么希望有一条天梯直达山顶，然而，我们满眼望去都是荆棘，这使我们必须在摸索中流泪流血前进。直到抵达山顶之后，从山顶往下来，我们才发现原来真的是有捷径的，只不过这个捷径是我们自己踏出来的。不要因为那些曾经的失败和痛苦而懊丧，要知道，你之所以能够成长为今天的你，就是因为那些曾经的经历。每个人的成长都不是一蹴而就的，每个人之所以能够拥有今天，都是因为他们曾经因为走弯路磨破了脚掌，因为走错了撞得头破血流，因为哭过所以才知道笑的幸福。

进入公司后，他成了初生牛犊，因为他天不怕、地不怕。当然，他之所以如此有胆识、有气魄，很大一方面原因是他的爸爸是这家公司的董事长。对于他，爸爸没有提出过高的要求，只是让他像一名普通员工一样就可以了。因此，他卸下了心里所有的负担，每天朝九晚五，和大多数同事一样从事着最普通的工作。

后来，他凭借自己的努力进入公司的销售部门，并且在几年打拼之后成为销售部的主任。一次偶然的机会，他得知公司在甘肃那边没有设立分销点，因此主动请缨，要求去甘肃拓展市场。尽管他的顶头上司并不表示赞同，他还是做出了大量的努力，并且直接越级请示了爸爸。出乎他的意料，爸爸同意了。就这样，踌躇满志的他带着一班人马赶赴甘肃，想在那里大展拳脚。结果，一个月过去了，两个月过去了……半年过去了，他们的工作毫无起色。他不得不回到公司述职，总结自己失败的经验和教训。此时此刻，他当然已经知道顶头上司说的反对理由都是存在的，而且很现实，因此他深刻地反省了自己，说自己的决策失误给公司带来了很大的损失。对此，爸爸只是淡淡地说："我早就知道这个结果，因为你犯的错误，公司的前辈也曾经犯过。"他很惊愕，问爸爸："那您为什么不拦着我呢？"爸爸笑着说："我为什么要拦着你？我拦着你，你会听吗？现在这样不是挺好，你以自己的切身经验给自己上了一课，这比别人说什么都强。"

果然，在职业生涯中，经历这次挫折之后，他迅速地成长和成熟起来，成为爸爸理所当然的接班人。

假如爸爸拦着他，他会改变主意吗？即使改变了主意，也是心不甘、情不愿的；如果不改变主意，结果将会依然如此。事例中的爸爸很聪明，他没有阻拦自己的儿子，而是让他自己去走弯路，去成长和成熟。

人生之中，有些弯路是不必走的，如前人留下来的经过验证的文化科学知识等，我们只需要理解、消化和应用就可以了。然而，有些弯路是必须走的，如人生的经验和阅历等，我们必须亲自去实践了，我们的人生才会更加丰富。

不断激励自己，是自我博弈的重要课程

人生在世，在这浩瀚无边际的宇宙里，当我们驻足回首转望时，发现原来我们也和所有世人一样，是那么的渺小，甚至比一粒微尘还小。经历了数不清的无奈和遗憾、痛苦和悲伤、寒冷和恐惧，可我们从不悲观。我们一直坚强地活着，不时地憧憬着自己平凡而精彩的一生，因为我们明白这个世界原本就是相对的，没有痛苦的挫败，就不会珍惜愉悦的成功；没有坎坷的经历，就收获不了甜美的幸福，没有敢为人先的勇气，就不会有灿烂的成功。所以，任何一个成功者都把不断挑战自我当成自己人生的信条和座右铭。我们也可以说，不断激励自己去挑战新高度，是自我博弈的重要课程，很多时候，只要我们敢迈出第一步，就会触摸到新的体验。

曾经有一个叫卡兰德的军官。有一次，卡兰德在纽约的一个漂亮饭店里，看着善游泳的朋友们在阳光下嬉戏，忽然有一 种不舒服的感觉涌上心头。卡兰德告诉他们，自己怕晒黑，所以不想下水。朋友们笑着怂恿 他：“不要因为怕水，你就永远不去

游泳……”

阳光溅在他们水滑滑、光亮亮的肌肤上，他们像海豚一样骄傲地嬉戏着，而卡兰德其实 并不想躲在没有阳光的阴影里看着他们的快乐。他觉得自己是个懦夫。

一个月后，朋友邀卡兰德到一个温泉度假中心，他鼓足勇气下水了。卡兰德发现自己并没自己想象中那么无能，但他不敢游到水深的地方。

“试试看，”朋友鼓励地对他说，“让自己灭顶，看会不会沉下去！”

于是，卡兰德试了一下。朋友说得没错，在我们意识清明的状态下，想要沉下去、摸到池底还真的不可能。真是奇妙的体验！

“看，你根本淹不死。沉不下去，为什么要害怕呢？”

卡兰德上了一课，若有所悟。从那天起，他不再怕水，虽然不算是游泳健将，但游个四五百米是不成问题的。

和卡兰德一样，生活中我们也要敢于挑战自己。事实上，古今成大事者，最不缺乏的就是敢于挑战的勇气和勇于创新的精神。而当今社会，在很多行业，尤其是在网络软件、策划、咨询、证券、投资等知识密集型行业，“经验”已经不重要，重要的是“创新精神”。我们要想取得事业的成功，在具有创新精神并敢于标新立异的同时，一定还要有勇气，具备勇气和创新观念，要知道，机会总是留给敢于迎接挑战的人。

要挑战自己，你可以从以下几个方面着手。

1. 告诉自己“我能行”

生活中，许多人常常说“我不行”。而之所以他们会有这样的意识，是因为两个方面的原因：一是自我意识，二是外来意识。前者是自我否定，后者是来自他人的否定，而要摆脱这一负面的意识，你必须在内心反复暗示自己：“我能行。”

一次，在某学校五年级召开的班长竞选大会上，一个小男孩站了起来，他身材矮小，涨红了脸但却很有力地说道：“虽然我并不优秀，学习成绩也不太好，但请大家相信我，给我一个机会，我也想为班级做点事。请投我一票吧！”

这样热烈的请求，有谁会不答应呢？于是，同学们报以热烈的掌声，一致同意这位小男孩担任小队长。从掌声中，这位男孩听到了同学们热情的鼓励：“你能行！”当时，他激动得哭了。上任以后，他工作得很出色。

2. 多做一些曾经没有做过的事

做曾经不敢做的事，本身就是克服恐惧的过程。如果你退缩、不敢尝试，那么，下次你还是不敢，你永远都做不成。只要你下定决心、勇于尝试，那么，这就证明你已经进步了。在不远的将来，即使你会遇到很多困难，但你的勇气一定会帮你获得成功。

3. 用心发现机遇

当然，当下的你还谈不上抓住机遇追求成功，但从现在起，你必须要培养自己敏锐的观察力和冷静的头脑，这一点，你必须要融入日常的学习和生活中，遇到事情，切不可盲目冲动，而应该静下心来，哪怕是微弱的一次解决的机会也不放过。

4. 挑战中要把握机会，减少风险因素

培根曾说过：“我们要时时注意，勇气常常是盲目的，因为它没有看见隐伏在暗中的危险与困难，因此，勇气不利于思考，但却有利于实干。所以对于有勇无谋的人，只能让他们做帮手，而绝不能当领袖。”的确，冒险是需要勇气的，但敢于冒险并不等于有勇无谋，有道是：“富贵险中求，成功细中取。”冒险绝不等于蛮干，它是建立在正确的思考与对事物的理性分析之上的。

总之，现代社会，不敢冒险就是最大的冒险。没有超人的胆识，就没有超凡的成就。生活中的每个人都要敢于尝试，敢于挑战自己。这样，你就有了做第一个成功者的机会。胆量是使人从优秀到卓越的最关键的一步。你需要勇气，需要胆量，你不是弱者，机会总是留给敢于迎接的人！